新概念

3ds Max 2011 中文版

教程

成昊 编著

科学出版社

内 容 简 介

本书采用案例讲解的方法，精选实用、够用的案例，将3ds Max三维制作的各个知识要点和应用技巧融会贯通。

全书共15章。第1~3章为3ds Max的基础入门，主要包含3ds Max 2011的基础知识、重要概念和基本操作等内容和相关方法。第4~10章为三维建模及相关知识，主要包含创建基本形体、从二维形体到三维模型的转变、创建复合模型、模型变形、高级建模、材质与贴图、灯光与渲染等内容和相关技巧。第11~14章为三维动画相关知识，主要包含动画基础、常用控制器与层级动画、骨骼系统、摄影机与后期特效制作等内容和技巧。第15章通过2个综合案例实训，帮助读者提升三维制作的综合职业技能。

为方便教学，本书为用书教师提供超值的立体化教学资源包，含多媒体教学视频、电子课件、素材与效果文件、课程设计的文档与源文件等教学内容。

本书图文并茂，层次分明，语言通俗易懂，非常适合3ds Max的初、中级用户学习，配合立体化教学资源包，特别适合作为职业院校、成人教育、大中专院校和计算机培训学校相关课程的教材。

图书在版编目（CIP）数据

新概念 3ds Max 2011 中文版教程/成昊编著. —北京：
科学出版社，2011.5
ISBN 978-7-03-030681-4

Ⅰ. ①新… Ⅱ. ①成… Ⅲ. ①三维动画软件，
3DS MAX 2011—教材 Ⅳ. ①TP391.41

中国版本图书馆 CIP 数据核字（2011）第 053639 号

责任编辑：桂君莉　刘秀青　/ 责任校对：刘雪连
责任印刷：新世纪书局　　/ 封面设计：彭琳君

科 学 出 版 社 出版
北京东黄城根北街 16 号
邮政编码：100717
http://www.sciencep.com
中国科学出版集团新世纪书局策划
北京市艺辉印刷有限公司印刷
中国科学出版集团新世纪书局发行　各地新华书店经销
*
2011 年 6 月 第 一 版　　　　开本：16 开
2011 年 6 月第一次印刷　　　　印张：15.5
印数：1—4 000　　　　　　　字数：377 000

定价：32.80 元
（如有印装质量问题，我社负责调换）

丛书使用指南

一、编写目的

"新概念"系列教程于 2000 年初上市，当时是图书市场中唯一的 IT 多媒体教学培训图书，以其易学易用、高性价比等特点倍受读者欢迎。在历时 11 年的销售过程中，我们按照同时期最新、最实用的多媒体教学理念，根据用书教师和读者需求对图书的内容、体例、写法进行过 4 次改进，丛书发行量早已超过 300 万册，是深受计算机培训学校、职业教育院校师生喜爱的首选教学用书。

随着《国家中长期教育改革和发展规划纲要（2010~2020 年）》的制定和落实，我国职业教育改革已进入一个活跃期，地方的教育改革和制度创新的案例日渐增多。为了顺应教改的大潮流，我们迎来了本系列教程第 6 版的深度改版升级。

为此，我们组织国内 26 名职业教育专家、43 所著名职业院校和职业培训机构的一线优秀教师联合策划与编写了"第 6 版新概念"系列丛书——"十二五"职业教育计算机应用型规划教材。

二、丛书的特色

本丛书作为"十二五"职业教育计算机应用型规划教材，根据《国家中长期教育改革和发展规划纲要（2010~2020 年）》职业教育的重要发展战略，按照现代化教育的新观念开发而来，为您的学习、教学、工作和生活带来便利，主要有如下特色。

- ✪ **强大的编写团队。**由 26 名职业教育专家、43 所著名职业院校和职业培训机构的一线优秀教师联合组成。
- ✪ **满足教学改革的新需求。**在《国家中长期教育改革和发展规划纲要（2010~2020 年）》职业教育重要发展战略的指导下，针对当前的教学特点，以职业教育院校为对象，以"实用、够用、好用、好教"为核心，通过课堂实训、案例实训强化应用技能，最后以来自行业应用的综合案例，强化学生的岗位技能。
- ✪ **秉承"以例激趣、以例说理、以例导行"的教学宗旨。**通过对案例的实训，激发读者兴趣，鼓励读者积极参与讨论和学习活动，让读者可以在实际操作中掌握知识和方法，提高实际动手能力、强化与拓展综合应用技能。
- ✪ **好教、好用。**每章均按内容讲解、课堂实训、案例实训、课后习题和上机操作的结构组织内容，在领悟知识的同时，通过实训强化应用技能。在开始讲解之前，归纳出所讲内容的知识要点，便于读者自学，方便学生预习、教师讲课。

三、立体化教学资源包

为了迎合现代化教育的教学需求，我们为丛书中的每一本书都开发了一套立体化多媒体教学资源包，为教师的教学和学生的学习提供了极大的便利，主要包含以下元素。

- ✪ **素材与效果文件。**为书中的实训提供必要的操作文件和最终效果参考文件。
- ✪ **与书中内容同步的教学视频。**在授课中配合此教学视频演示，可代替教师在课堂上的演示操作，这样教师就可以将授课的重心放在讲授知识和方法上，从而大大提高课堂授课效果，同时学生课后还可以参考教学视频，进行课后演练和复习。
- ✪ **电子课件。**完整的 PowerPoint 演示文档，协助用书教师优化课堂教学，提高课堂质量。

- ✪ 附赠的教学案例及其使用说明。为教师课堂上的举例和教学拓展提供多个实用案例，丰富课堂内容。
- ✪ 习题的参考答案。为教师评分提供参考。
- ✪ 课程设计。提供多个综合案例的实训要求，为教师布置期末大作业提供参考。

用书教师请致电 (010)64865699 转 8067/8082/8081/8033 或发送 E-mail 至 bookservice@126.com 免费索取此教学资源包。

四、丛书的组成

新概念 Office 2003 三合一教程
新概念 Office 2003 六合一教程
新概念 Photoshop CS5 平面设计教程
新概念 Flash CS5 动画设计与制作教程
新概念 3ds Max 2011 中文版教程
新概念网页设计三合一教程——Dreamweaver CS5、Flash CS5、Photoshop CS5
新概念 Dreamweaver CS5 网页设计教程
新概念 CorelDRAW X5 图形创意与绘制教程
新概念 Premiere Pro CS5 多媒体技术教程
新概念 After Effects CS5 影视后期制作教程
新概念 Office 2010 三合一教程
新概念 Excel 2010 教程
新概念计算机组装与维护教程
新概念计算机应用基础教程
新概念文秘与办公自动化教程
新概念 AutoCAD 2011 教程
新概念 AutoCAD 2011 建筑制图教程
......

五、丛书的读者对象

"第 6 版新概念"系列教材及其配套的立体化教学资源包面向初、中级读者，尤其适合用作职业教育院校、大中专院校、成人教育院校和各类计算机培训学校相关课程的教材。即使没有任何基础的自学读者，也可以借助本套丛书轻松入门，顺利完成各种日常工作，尽情享受 IT 的美好生活。对于稍有基础的读者，可以借助本套丛书快速提升综合应用技能。

六、编者寄语

"第 6 版新概念"系列教材提供满足现代化教育新需求的立体化多媒体教学环境，配合一看就懂、一学就会的图书，绝对是计算机职业教育院校、大中专院校、成人教育院校和各类计算机培训学校以及计算机初学者、爱好者的理想教程。

由于编者水平有限，书中疏漏之处在所难免。我们在感谢您选择本套丛书的同时，也希望您能够把对本套丛书的意见和建议告诉我们。联系邮箱: l-v2008@163.com。

丛书编者
2011 年 4 月

Contents 目 录

第1章

3ds Max 2011 基础知识

本章导读

3ds Max 2011 主要用于模型的创建、动画的制作等。本章主要讲解 3ds Max 2011 基础知识，包括自定义、工作环境等。

知识要点

- ✪ 3ds Max 2011 应用概述
- ✪ 启动 3ds Max 2011
- ✪ 用户界面

- ✪ 调整视图布局
- ✪ 设置自定义用户界面

1.1 3ds Max 2011 的应用领域

3ds Max 是世界上应用最广泛的三维动画制作软件，是由 Autodesk 公司推出的，其前身是运行在 DOS 下的 3D Studio。3ds Max 可以运行于 Windows 2000、Windows XP 和 Windows Vista 等多种平台，拥有强大的建模、动画、材质和渲染功能，能够满足制作高质量动画、游戏、设计效果等领域的需要，其应用领域主要分为以下几个方面。

1. 工业设计

因为 3ds Max 的 NURBS 建模功能不是很完善，加上在制作模型的精度方面也不能满足工业设计的要求，所以 3ds Max 在工业设计领域的应用较少。但是 3ds Max 拥有强大的材质、灯光与动画的表现能力，这是大多数工业设计软件所不能比拟的；所以当需要表现作品的材质和动画时，许多设计者会先利用 Rhino、Alias Studio 等工业设计软件进行精确的建模，然后将模型输入到 3ds Max 中，进行材质、灯光以及动画的编辑和渲染，如图 1-1 所示。

2. 建筑装潢设计

建筑装潢设计可分为室内装潢设计和室外效果展示两个部分，如图 1-2 所示是室内装潢设计的效果图。建筑装潢设计领域是巨大且极具发展潜力的工业，在进行建筑施工与装潢设计之前，可以通过 3ds Max 进行真实场景的模拟，并且渲染出多角度的效果图，以观察装潢后的效果。如果效果不理想，可以在施工之前改变方案，从而节省大量的时间与资金。

图 1-1 应用 3ds Max 进行工业设计   图 1-2 应用 3ds Max 进行建筑装潢设计

3. 影视广告片头

影视片头广告的制作一般以后期合成软件为主，3D 软件通常用于制作文字、发光和粒子特效等。因为 3ds Max 比较擅长制作特效，而且在国内使用 3ds Max 的制作者较多，加上目前非常流行的后期合成软件 Combustion 与 3ds Max 都出自 Autodesk 公司，彼此具有很好的交互性，这些优势使 3ds Max 在国内的片头广告领域占有很大的市场份额。如图 1-3 所示就是一个含有三维动画的电视片头。

4. 电影特效

《泰坦尼克号》、《第五元素》、《侏罗纪公园》和《玩具总动员》等影片中都有逼真的三维场景，如优雅高贵的泰坦尼克号、惊天动地的太空爆炸、活灵活现的恐龙，以及顽皮可爱的各种玩具，都是通过三维动画制作软件合成声效制作而成的。

在电影中，计算机特效逐渐成为吸引观众眼球的法宝。利用三维软件可以制作出现实中不存在的物体和景物（如图 1-4 所示），从而节约大量的制作成本；同时 3ds Max 配合各种插件完全可以制作出影视级别的产品。但是由于在影视制作方面还有更加强大的 Maya 和 XSI，所以 3ds Max 在电影特效领域的应用不是很多。

图 1-3 应用 3ds Max 设计的影视广告片头   图 1-4 应用 3ds Max 设计的影视场景特效

5. 游戏开发

在国外，3ds Max 最主要、应用最多的是游戏制作市场，Reactor、character studio 及数以百计的插件给游戏开发者提供了各种各样的特殊效果制作工具。许多著名的游戏，如即时战略游戏"魔兽争霸Ⅲ"，就是使用 3ds Max 4 完成人物角色的设计和三维场景的制作的。如图 1-5 所示是使用 3ds Max 制作的游戏角色。3ds Max 版本每次升级，都会极大地加强游戏制作功能。也许是因为 Maya 加强了游戏制作功能，所以 3ds Max 的游戏制作功能也在不断地增强和完善。

6. 网页设计制作

Flash 是目前最流行的网络动画制作工具，但是网上三维虚拟技术提供了 Flash 和传统产品无法比拟的交流界面。随着宽带技术的普及与 Web 3D 技术的成熟，许多人已觉察到三维动画将是网络流行的下一个方向。目前，3ds Max 已经具有了多种渲染卡通效果的方法，并且拥有输出 Flash 格式文件的插件，可以将 3ds Max 制作的动画直接输出为 Flash 动画格式，如图 1-6 所示。Autodesk 公司很早就推出了专门针对 Web 3D 的制作软件——Plasma。Plasma 与 3ds VIZ 一样，都属于 3ds Max 软件的简化版本，可见 Autodesk 公司对 Web 3D 也是比较重视的。

图 1-5　应用 3ds Max 进行游戏开发

图 1-6　应用 3ds Max 进行网页设计制作

7. 其他应用

三维设计技术在其他方面也得到了广泛的应用。例如，在军事科技方面，三维设计技术最早应用于飞行员的飞行模拟训练，之后又用于研究导弹飞行、爆炸后的碎片轨迹等；在生物化学领域，也引入了三维设计技术来研究生物分子之间的结构组成，如遗传工程利用三维设计技术对 DNA 分子进行结构重组，产生新的化合物，给遗传基因的研究工作带来了极大的帮助；另外，三维设计在医学治疗、事故分析、教育娱乐和抽象艺术等领域同样得到了充分的应用。如图 1-7 所示就是应用 3ds Max 设计技术表现的一种抽象艺术效果。

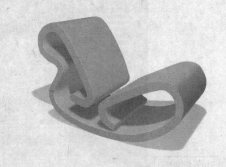

总而言之，随着科学技术的不断发展，计算机三维动画制作技术必将进入各行各业；经过 Autodesk 公司的不断努力，3ds Max 的发展也必将日益成熟、完善，其应用领域将会更加广泛。

图 1-7　应用 3ds Max 表现的抽象艺术效果

1.2　启动 3ds Max 2011

与启动其他应用程序一样，3ds Max 2011 的启动也有多种方式。

（1）直接双击桌面上的快捷图标（在安装软件时建立的）。

（2）单击软件安装目录中的启动执行文件，默认路径为 C:\Program Files\Autodesk\3ds Max 2011。

3ds Max 2011 是一个相对庞大的三维动画制作软件。3ds Max 8 以前的版本启动的时间较一般软件要长一些。3ds Max 5 之前的版本在启动时，启动界面通常都是固定不变的，等待成为一件十分烦人的事情。在 3ds Max 5、3ds Max 6、3ds Max 7 版本中，启动界面会随机地显示出 20 多个界面，界面中会给出常用的快捷键提示以及其他相关信息，而 3ds Max 2011 版本的启动时间要相对快一些。3ds Max 2011 的启动界面如图 1-8 所示。

图 1-8　3ds Max 2011 启动界面

1.3　3ds Max 2011 的工作环境

在启动中文版 3ds Max 2011 之后，可以看到其工作界面，如图 1-9 所示。

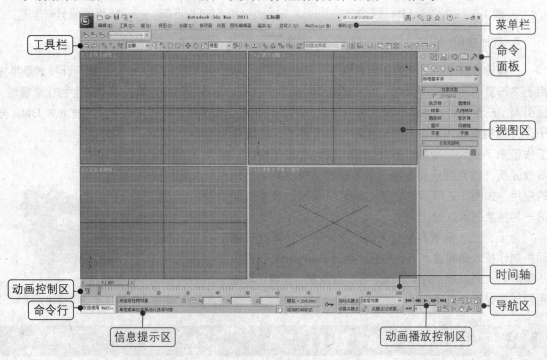

图 1-9　中文版 3ds Max 2011 工作界面

下面介绍中文版 3ds Max 2011 用户界面中主要部分的功能。

1. 菜单栏

这是标准的 Windows 菜单栏，包括【文件】、【编辑】、【工具】、【组】、【视图】、【创建】、【修改器】、【动画】、【图形编辑器】、【渲染】、【自定义】、MAXScript 和【帮助】13个菜单。每一个菜单下都有多个菜单命令，而大多数菜单命令都能从用户界面中找到相应的图标。

2. 工具栏

工具栏上面布满了图形化的按钮，如图 1-10 所示。将鼠标放在工具栏上，当鼠标变为上面是箭头状，下面带有书本图片后，可以左右拖动工具栏。

图 1-10　工具栏

在工具栏上右击，会弹出一个快捷菜单，选择【停靠】|【底】命令（如图 1-11 所示），可以将工具栏停放在视图的底部，选择其他命令可以得到相应的结果。

3. 视图区

视图区默认情况下是标准的 4 视图显示模式，其中包括【顶视图】、【前视图】、【左视图】和【透视图】4 个不同方向的视图。通过这些视图，可以将三维模型的正面、侧面、顶面及透视效果同时显示出来。例如，当创建一个人物模型后，在【前视图】中可以观看到人物的正面，而在【左视图】中可以从人物的左侧来观看，在【顶视图】中可以从人物头顶的方向来观看。

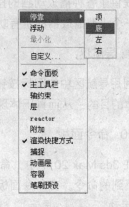

图 1-11　将工具栏停靠在视图的底部

在创作中，可以根据需要进行视图切换。切换视图的方法主要有以下 3 种。

- 单击需要被激活的视图，使其成为当前活动视图。
- 按相应的快捷键，即可切换到快捷键所代表的视图。系统中视图的快捷键设置如下。
    ◇ 顶视图——快捷键为 T。
    ◇ 前视图——快捷键为 F。
    ◇ 左视图——快捷键为 L。
    ◇ 透视图——快捷键为 P。
- 右击视图左上角的视图名称，将鼠标指向弹出快捷菜单的【视图】命令，在其级联菜单中选择所需要的视图名称命令即可。

4. 时间轴

用来显示当前场景中的时间总长度，默认为 100 帧。在时间轴的上方有时间滑块，可以用鼠标左右拖动这个滑块以改变当前场景所处的时间位置。通过时间轴可以观察、分析每一段三维动画在不同时刻显示的画面，从而进一步对动画作品进行修改并加以完善。

5. 命令行

命令行文本框用于输入脚本语言，进行程序化控制。这项功能一般只有 3ds Max 的高级用户才会用到。

6. 信息提示区

信息提示区的上半部分为当前鼠标的坐标点位置，包括 X、Y 和 Z 三个坐标值；信息提示区的下半部分为当前所选工具或者命令的状态与提示。

7. 动画控制区

提供了各种动画控制按钮，可以通过这些按钮提供的功能将场景中物体的动作记录下来，形成动画。这是制作三维动画时使用的最基本、最频繁的按钮。

8. 动画播放控制区

提供了各种播放动画的按钮（包括播放、快进、快退等）和设置时间（帧数）的按钮。这里具备了一个小型播放器的所有功能。

9. 导航区

利用导航区中的图标按钮可以完成推拉、旋转视图等相关操作，以达到在视图内从不同角度观察物体的目的，从而真正体现出 3ds Max 作为一个三维软件的本质。

10. 命令面板

在 3ds Max 2011 中，命令面板扮演着非常重要的角色，在这里可以调用很多即使在菜单栏内也找不到的命令。在命令面板上共有 6 个选项卡，包括 ▦（创建）、▨（修改）、▦（层次）、◎（运动）、▣（显示）、✍（工具）。

在 ▦ 选项卡下还包括 7 个图标按钮，每个图标按钮对应一个面板，分别是：◯（几何体）、▨（图形）、✍（灯光）、▨（摄影机）、▣（辅助对象）、≋（空间扭曲）和 ❋（系统）。只要单击按钮，就会显示出相应的面板。

> **注 意**　与其他应用软件一样，3ds Max 2011 也为用户提供了提示功能，即当鼠标指针停留在某一个工具按钮上一段时间后，系统会自动显示该工具按钮的名称。

1.4　调整视图布局

由于在 3ds Max 中进行的大部分工作都是在视图中单击和拖曳，因此有一个方便使用的视图布局是非常重要的。默认的视图布局可以满足用户的大部分需要，但有时也需要改变视图的布局、视图的大小或者视图的显示方式。本节将讨论与视图调整相关的一些问题。

1.4.1　课堂实训 1——重新定位工具栏

在 3ds Max 2011 中，可以把工具栏定位到其他位置，或使之浮动在视图上。有以下两种方法可以重新定位工具栏。

（1）当鼠标移动到工具栏或者命令面板的边缘，变为上面箭头下面带有书本的形状时，可以将工具栏或者命令面板移动到任何位置，如图 1-12 所示。

图 1-12　移动命令面板

注意

当鼠标变成上面箭头下面书本的样子时，也可以直接双击，使工具栏或命令面板处于浮动状态，然后可以轻易拖动工具栏或命令面板定位其位置。

（2）本方法前面已经提及，即在工具栏或者命令面板上右击，会弹出一个快捷菜单，选择【停靠】命令中的子命令，可以将工具栏或者命令面板停放在视图的其他位置。

1.4.2 课堂实训 2——改变视图的大小

可以有多种方法改变视图的大小和显示方式。在默认状态下，4 个视图的大小是相等的。除了可以最大化显示视图外（快捷键为 Alt+W），还可以改变视图的大小。但是，无论如何缩放视图，所有视图使用的总空间都保持不变。下面使用移动的方法改变视图的大小。

当鼠标指针移动到视图与视图之间的边界时，鼠标指针将变成双向箭头的形状，这时可以通过拖动鼠标指针来改变视图的大小。在改变视图大小的时候，垂直和水平分割线都是可以被移动的，当把鼠标指针移动到 4 个视图的交接中心时，鼠标指针将变成 4 箭头的形状，这时可以通过拖动鼠标来同时调整 4 个视图，如图 1-13 所示。

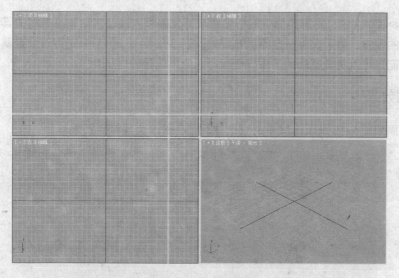

图 1-13 调整视图的大小

1.4.3 课堂实训 3——改变视图的布局

假设希望屏幕右侧有 3 个垂直排列的视图，剩余的区域被第 4 个大视图占据，那么仅仅通过移动视图分割线是达不到这种效果的，这时就需要改变视图的布局。

改变视图布局的具体方法是选择【视图】|【视口配置】命令，打开【视口配置】对话框。【视口配置】对话框具有比弹出快捷菜单更为强大的功能，使用这个对话框可以永久性地设置视图布局或者一次性修改多个视图。

选择【视口配置】对话框中的【布局】选项卡，可以看到在这个选项卡的上部有若干个可供选择的预定义布局，单击任何一个预定义布局即可在预览框中预览视图布局的效果。同时，还可以右击预览图中的任何一个视图类型，在弹出的快捷菜单中选择需要转换的视图类型，如图 1-14 所示。对于三维动画制作者来讲，选择有效、合理的视图布局可以提高工作效率。

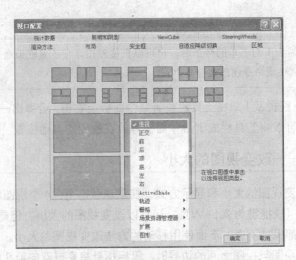

图 1-14　改变视图的布局

1.5　案例实训——设置自定义用户界面

在 3ds Max 2011 中，用户界面中的各个组成部分都可以通过拖动鼠标来改变其位置，将其放置到一个合适的地方。除了设置一些简单布局外，在 3ds Max 2011 中还可以设置属于用户的独特的个性界面，而且可以将调整后的工作界面保存起来，以便随时调用。

1.5.1　实例效果

自定义界面如图 1-15 所示，其中的【创建】菜单被改为【新建】菜单。

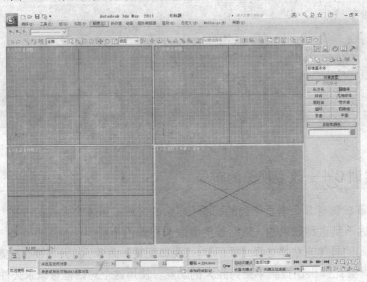

图 1-15　自定义菜单

1.5.2　操作过程

可以先简单调整用户界面的简单布局，比如调整各工具栏，调整各命令面板；然后在菜单栏上选择【自定义】|【自定义用户界面】命令，出现如图 1-16 所示的对话框。

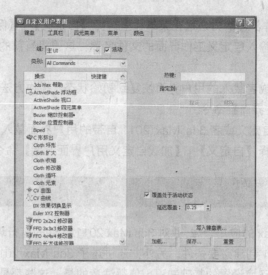

图 1-16　自定义用户界面

在该对话框中可以改变用户界面各种元素的显示情况，包括用户界面的背景颜色、工具按钮的颜色，甚至菜单名称都可以修改。

下面以修改【创建】菜单的名称为例，说明如何自定义用户界面，操作步骤如下。

Step 01　选择【自定义用户界面】对话框中的【菜单】选项卡。

Step 02　选择【创建（C）】，单击【重命名】按钮。

Step 03　在弹出的【编辑菜单项名称】对话框中把【创建】修改为【新建】，如图 1-17 所示，单击【确定】按钮。

Step 04　单击【保存】按钮，弹出如图 1-18 所示的【菜单文件另存为】对话框。这里使用默认的名称保存，单击【保存】按钮。

图 1-17　修改菜单名称

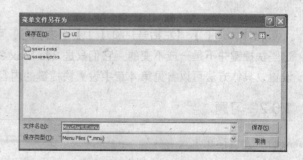

图 1-18　【菜单文件另存为】对话框

Step 05　关闭【自定义用户界面】对话框，发现菜单栏上的【创建】菜单变成了【新建】菜单。如果对刚才修改的菜单名称感到满意，可以在菜单栏上选择【自定义】|【保存自定义用户界面方案】命令；如果对刚才修改的菜单名称感到不满意，可以用同样的方法进行修改。

Step 06 保存自定义的工作界面的方法是在菜单栏上选择【自定义】|【保存自定义用户界面方案】命令。在弹出的对话框中输入自定义工作界面的文件名称，这里将当前的工作界面保存成 UI 格式的文件。

用户也可以随时将自定义或者载入的用户界面恢复到初始状态，操作方法是在菜单栏上选择【自定义】|【恢复为默认设置主界面】命令。

Step 07 用户可以随时将自定义或者 3ds Max 2011 自带的用户界面载入为当前使用的用户界面。操作方法是在菜单栏上选择【自定义】|【加载自定义用户界面方案】命令。

1.6　本章小结

本章主要讲述 3ds Max 的应用领域，并对 3ds Max 2011 软件的运行环境做了一个简单的介绍，为读者学习 3ds Max 2011 创建必要条件。另外，还讲述了 3ds Max 2011 用户界面的组成及一些基本功能，以及用户界面环境设置的基础知识。值得注意的是，这些都是学习 3ds Max 2011 的基础，只有掌握了这些内容才能更自由、更方便地应用 3ds Max 2011 进行创作。

1.6.1　经验点拨

如果要学好 3ds Max 2011 软件，充分了解 3ds Max 的一些基本概念是非常重要的。在 3ds Max 中，与动画制作相关的概念很多，如物体对象的概念、参数修改的概念、层级的概念、材质贴图的概念、三维空间坐标与动画的概念、外部插件的概念、后期合成与渲染的概念等。这些概念在后面的章节中都会逐步介绍。在了解基本概念以及 3ds Max 软件操作技术后，要不断强化三维空间的构想力和提高艺术鉴赏能力，这样才能在 3ds Max 三维创作的道路上走得更远。

利用快捷键来控制视图的显示是一种很明智的选择，下面是一些可以大大提高工作效率的视图控制快捷键及其对应的功能。

- Ctrl+X：切换到视图专家模式，视图专家模式就是整个用户界面只保留菜单以及视图区域。
- Ctrl+P：平移视图，按此组合键再结合鼠标可以在每个视图中平滑移动视图，对应的图标为 ⍟。
- Alt+Z：进入镜头缩放模式，按此组合键再结合鼠标可以在视图中对所选视图进行缩放，对应的图标为 ⍟。
- Ctrl+W：进入区域缩放模式，按此组合键再结合鼠标可以对视图的某个区域进行缩放，对应的图标为 ⍟。

此外，【 [】（左括号）和【] 】（右括号）可以分别推近视图和拉远视图。值得注意的是，这些快捷键并不是一成不变的，它们只是 3ds Max 2011 默认设置的快捷键，可以修改这些快捷键设置。具体方法可以参见第 4 章中设置快捷键的内容。

1.6.2　习题

一、选择题

1. 下面哪一个选项中没有三维动画的用武之地？（　　　　）

A．展览设计　　　　　B．建筑设计　　　　　C．工业设计　　　　　D．专业排版

2. 下面 3ds Max 版本中的哪一个版本在启动时有 3ds Max 快捷键的说明演示？（　　　）

A．3ds Max 7　　　　　　B．3ds Max 8　　　　　C．3ds Max 2011　　　　D．都有

3. 下面哪个视图不属于 3ds Max 2011 默认的 4 个视图中的一个？（　　　）

A．透视图　　　　　　　B．左视图　　　　　　　C．顶视图　　　　　　　D．右视图

4. 最大化某个视图的快捷键是哪一个？（　　　）

A．W　　　　　　　　　B．Ctrl+W　　　　　　　C．Alt+Ctrl+W　　　　　D．Alt+W

二、简答题

1. 试举例说明有关 3ds Max 2011 的应用领域。

2. 怎样载入系统自带的 discreet-light.ui 用户界面？

第2章

3ds Max 2011 的重要概念

本章导读

　　熟悉 3D 的人都知道，与其他的 3D 程序相比，在建模、渲染和动画等许多方面，3ds Max 2011 提供了全新的制作方法。通过使用该软件，可以很容易地制作出现实中的大部分对象，并把它们放入经过渲染的类似真实的场景中，从而创造出美丽的 3D 世界。但是与学习其他软件一样，要想熟练灵活地应用 3ds Max 2011，首先应该从概念入手。

知识要点

- ✪ 坐标系的类型
- ✪ 坐标轴心的使用
- ✪ 正交视图
- ✪ 透视视图
- ✪ 度量单位设置
- ✪ 物体显示方式控制

2.1　三维视图的观察方法

　　世界上的万物都是三维的，但人们常常用二维方法展现，不论是在图片、照片上，还是在计算机屏幕上，三维对象都被抽象到二维平面中。

　　为了在 3ds Max 2011 视窗中更加自然地透视、观看场景，需要了解几种常用的观察视图的方法，包括正交视图、透视视图。

2.1.1　正交视图

　　绝大多数图纸采用的都是正交投影方法，即主体与投影光呈 90°，不进行任何透视，如图 2-1 所示。可以看出，观察方向正对着模型的侧面，即观察方向与观察对象垂直。

　　正交视图能够准确表明高度和宽度之间的关系，因而十分重要。主体所有部分都与参观者的视线平面平行，这样透视的时候就不会变形和缩小。正交视图中各个部分的比例都相同，而不像透视视图，对象距离越近就越大，对象距离越远就越小。

　　许多行业绘制部件的时候都采用 3 个视图，即三视图（顶视图、前视图、左视图或右视图）。

2.1.2　透视视图

　　在日常生活中，透视指的是观察对象的外形在深度方向上的投影，通常观察周围事物时采用的都是透视的方法。

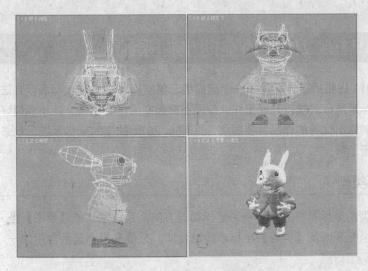

图 2-1　模型的正交视图

在绘画技法中，透视是指艺术家为在二维平面上描述三维对象及其深度关系而逐渐发展起来的一种技法。日常使用的是一些基于经验、机械和结构的绘图方法，这些方法用专门的步骤和过程生成手绘的透视视图。令人兴奋的是，在 3ds Max 2011 的摄像机视图中做好了这一切，而且比任何绘图员绘制的精度都高。3ds Max 2011 中的摄像机与透视关系如图 2-2 所示。

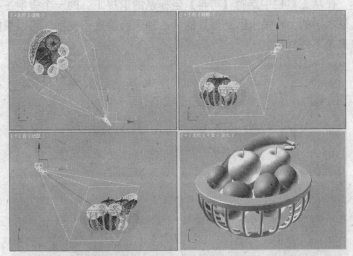

图 2-2　摄像机与透视的关系

从图 2-2 中可以明显地看出，模型产生形变，即近大远小的透视关系，符合传统的透视原理。传统的透视理论是指将观察者的目光定位在一个静止的点上，并从一定的距离观察对象，该对象为视觉中心，相当于在 3ds Max 2011 中放置的摄像机与模型目标，其中观察对象为目标，人的眼睛为摄像机。正如图 2-2 所示，3ds Max 2011 中的摄像机相当于人的眼睛，视图中的模型相当于人观察的目标，摄像机同模型的位置关系就相当于人的眼睛同观察对象的位置关系。

大家经常要绘制具有透视关系的效果图，首先要创建一个符合要求的摄像机，然后调整摄像机与所要观察目标的位置关系。

要在 3ds Max 2011 中调整对象的位置关系，就必须对 3ds Max 2011 的空间坐标系统有足够的理解，下面进行详细的阐述。

13

2.2 3ds Max 2011 的空间坐标系统

3ds Max 2011 提供的工作环境是一个虚拟的三维空间，有多种坐标表示方法。如果不了解自己使用的空间坐标系统，就难以开展工作。如果不熟悉空间坐标系统，就不能很好地利用坐标进行变换，也就难以创作出优秀的作品。要理解 3ds Max 2011 的空间坐标系统，就必须对坐标系与对象的坐标轴心有所了解。

2.2.1 坐标系类型

采用何种类型的坐标系将直接影响到坐标轴的方向，系统默认的【视图】坐标系是【世界】坐标系以及【屏幕】坐标系的结合体，是最有用也是最常用的一个坐标系。

可以从工具栏中选择各种坐标系，如图 2-3 所示。

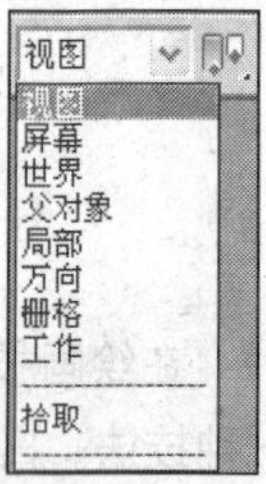

1. 【屏幕】坐标系

在所有视图中都使用与屏幕平行的主栅格平面，该平面 X 轴为水平方向，Y 轴为垂直方向，Z 轴为景深方向。所以，不同 X、Y、Z 轴的含义是不同的。

图 2-3　坐标系

如图 2-4 所示，在从工具栏中选择【屏幕】坐标系的前提下，同一个模型在不同视图中被选择的时候，X 轴永远是水平的，Y 轴永远是垂直的，Z 轴永远垂直于视图。可以想象，坐标轴在不同的视图中代表的意思是不一样的。

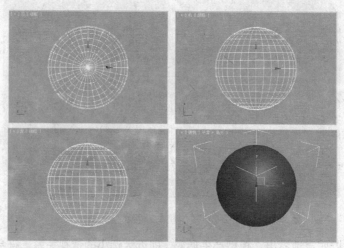

图 2-4　【屏幕】坐标系

2. 【世界】坐标系

【世界】坐标系使用世界坐标定义的方向。在 3ds Max 2011 的工作界面上，从正前方看，X 轴向水平方向延伸，Y 轴则向竖直方向延伸，Z 轴则往场景方向延伸，即所代表的含义都是一样的，如图 2-5 所示。当使用【世界】坐标系后，其坐标轴的方向永远不改变，在哪一个视图中都是一样的。

3. 【视图】坐标系

这是 3ds Max 2011 默认的坐标模式，也是使用最普遍的坐标系统。实际上【视图】坐标系是

【世界】坐标系与【屏幕】坐标系的结合。在正视图中如【顶视图】、【前视图】和【左视图】等使用【屏幕】坐标系，在透视图中使用【世界】坐标系。

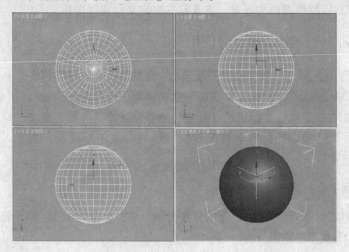

图 2-5 【世界】坐标系

4. 【拾取】坐标系

【拾取】坐标系能使用任何场景中所选择对象的坐标系，这是一个非常有用的坐标系。通过拾取视图中的任意一个物体，以其自身坐标系作为当前坐标系。

使用的时候先选择【拾取】坐标系，然后用鼠标在视图中选择一个单独物体，该物体的坐标系便成为当前坐标系。

如图 2-6 所示，要让球能够自由、准确地沿着长方体的斜面下滑，可以先选择长方体，然后从工具栏中选择【拾取】坐标系；当用选择工具移动球体的时候，球就可以自由、准确地沿着长方体的斜面下滑。

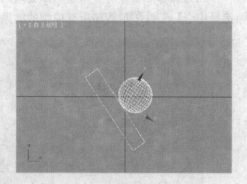

图 2-6 【拾取】坐标系

5. 【父对象】坐标系

【父对象】坐标系的工作方式与【拾取】坐标系相同，但是使用选取对象所连接的父级对象的坐标系，如果选定的对象没有父级对象，就使用【世界】坐标系。

6. 【局部】坐标系

【局部】坐标系是物体对象以自身的坐标位置为坐标中心的坐标系。在 3ds Max 动画制作中，【局部】坐标系的使用是很常见的，也是非常有用的。

7. 【万向】坐标系

【万向】坐标系也称为【平衡环】坐标系，是 3ds Max 5 新增的模式，在 3ds Max 2011 中依然保留着；选择此坐标系时，在旋转时各坐标轴会根据 X、Y、Z 轴的顺序互相影响。例如，当旋转 Z 轴时，会影响到 Y 轴和 X 轴的方向；当旋转 Y 轴时，只会影响到 X 轴的方向；当旋转 X 轴时，将不会影响到其他任何轴的方向。

8.【栅格】坐标系

【栅格】坐标系以网格方向为基准，主要是在自定义网格时应用。

2.2.2　课堂实训 1——坐标轴心的使用

在默认情况下，当同时选择多个物体并旋转后，会发现所有的物体都在围绕着一个公共的轴心点旋转。但有时希望每一个物体都能按照自身的轴向旋转，3ds Max 2011 在工具栏上提供了 3 种坐标轴心设置方案，用于解决上述问题。用户可以从中选择任意一种来改变默认的公共轴心设置，如图 2-7 所示。

图 2-7　轴心设置选项

1.【使用轴点中心】

当选择多个物体时，每个物体以自身的位置为轴心点。如图 2-8（a）所示是使用【使用轴点中心】工具旋转所有模型的结果。

2.【使用选择中心】

当选择多个物体时，所选物体会采用一个公共位置为轴心点。图 2-8（b）所示是使用【使用选择中心】工具时旋转所有模型的结果。

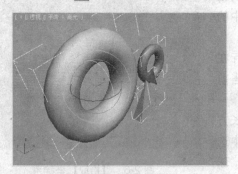
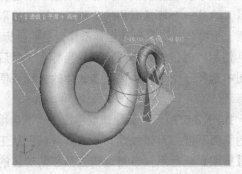

（a）使用轴点中心　　　　　　　　　　　　　　　（b）使用选择中心

图 2-8　设置不同轴心的结果

3.【使用变换坐标中心】

当选择多个物体时，所有物体均使用当前坐标参考系统中心的位置为轴心点。

物体的轴心位置会直接影响到最终的结果，尤其是在对物体进行旋转之后。在 3ds Max 2011 中，用户可以自定义物体的轴心位置，具体方法如下。

Step 01　选择物体。

Step 02　打开 （层次）命令面板，单击【轴】按钮，显示其子命令面板。

Step 03　单击【仅影响轴】按钮。

Step 04　在视图内移动物体，这时会发现，所影响的只是物体的轴心位置，如图 2-9 所示。

Step 05　单击【居中到对象】按钮，使轴心迅速对齐到物体的中心位置。

Step 06　单击【重置轴】按钮，初始化轴心位置。

Step 07　再次单击【仅影响轴】按钮，取消只影响轴心状态。

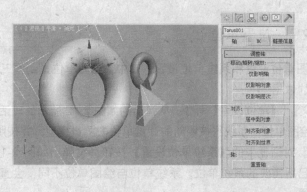

图 2-9　改变轴心位置

2.3　参数化对象

3ds Max 中的大多数对象都是参数化对象。参数化对象是指通过一组设置（即参数）而不是通过对其形状的显示描述来定义的对象。

对一个球体的参数设置不同的数值，表现出来的形状就会产生不同的效果，如图 2-10 和图 2-11 所示。这只是 3ds Max 2011 参数化对象应用中极小的一面，参数化对象的概念涉及 3ds Max 2011 功能应用的方方面面，包括造型、材质、贴图、动画及后期合成等。

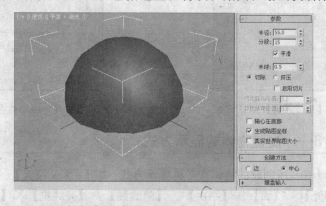

图 2-10　设置参数【半径】为 55、【分段】为 15、【半球】为 0.5

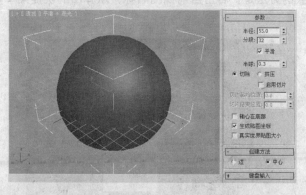

图 2-11　设置参数【半径】为 55、【分段】为 32、【半球】为 0.3

从图 2-10 和图 2-11 中可以明显地看出，设置不同的参数值图片显示出来的效果也不同。但是这些参数值的单位是多少？显示效果怎么控制？下面来讲述这两个问题。

2.3.1 课堂实训 2——度量单位

单位设置包括绘图单位设置和系统单位设置。其中，绘图单位是制作三维模型的依据，系统单位则是进行模型转换的依据。

可以单击【自定义】|【单位设置】命令，从弹出的如图 2-12 所示的对话框中设置自己所需要的绘图单位。若要改变绘图单位，系统将按照新的计量单位去测量模型，并按照新单位显示尺寸数据。

单击【单位设置】对话框中的【系统单位设置】按钮，将弹出如图 2-13 所示的对话框，利用该对话框可以设置自己所需要的系统单位。系统单位与绘图单位不同，会直接影响到模型的导入、导出、合并和替换效果。

图 2-12 【单位设置】对话框

图 2-13 【系统单位设置】对话框

2.3.2 课堂实训 3——设置物体的显示方式

在 3ds Max 2011 中，所创建的物体有多种显示方式，如【平滑+高光】、【线框】、【边面】、【平滑】、【面+高光】、【面】、【平面】、【隐藏线】、【亮线框】和【边界框】等。

设置物体显示方式的方法是，右击当前视图名称，从弹出的快捷菜单中选择相应的选项，如图 2-14 所示。

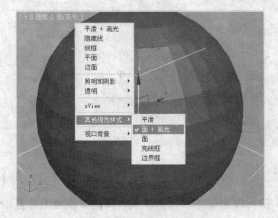

图 2-14 物体显示方式

2.4 案例实训——设置 3ds Max 单位为厘米

在 3ds Max 的室内建模中，通常以厘米（cm）为单位，接下来讲述将 3ds Max 单位设置为厘米的过程与方法。

2.4.1 实例效果

在 3ds Max 创建立方体后，在参数设置中的单位为 cm，如图 2-15 所示。

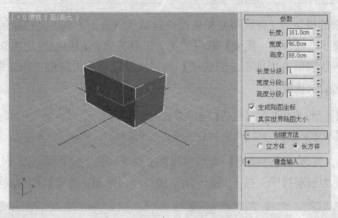

图 2-15　参数单位为 cm

2.4.2 操作过程

Step 01　选择【自定义】|【单位设置】命令。

Step 02　从弹出的如图 2-16 所示的对话框中设置自己所需要的绘图单位，选择【公制】下拉列表中的【厘米】选项。

图 2-16　设置单位为【厘米】

Step 03　单击【确定】按钮。在创建模型的时候，单位自动为 cm。

2.5 本章小结

本章主要讲述了 3ds Max 2011 中的一些重要概念，包括三维视图的观察方法、3ds Max 2011 的空间坐标系、对象物体的显示方式和单位设置。只有掌握了这些概念，才能更好地进入下一步的学习。

2.5.1 经验点拨

在创建比较复杂的模型时，有时需要频繁地更换模型的显示方式，而在显示方式之间更换最多的往往是【线框】模式、【平滑+高光】和【边面】3 种方式。如果每次切换都采取【右击当前视图名称，在弹出的快捷菜单中选择相应的选项】的方法，就会大大降低工作效率，3ds Max 2011 则提供了非常人性化的快捷键。

- F3 键：在【平滑+高光】和【线框】显示模式之间切换。
- F4 键：在【平滑+高光】和【边面】显示模式之间切换。

如图 2-17 所示，先选择【透视图】为当前视图，按 F4 键，结果模型以【边面】的模式显示；然后选择【左视图】为当前视图，按 F3 键，结果模型以【平滑+高光】的模式显示。

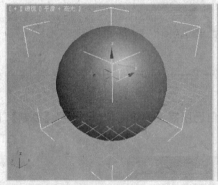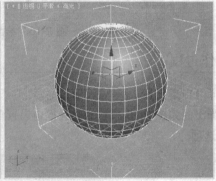

图 2-17　按 F3 键和 F4 键时模型的显示模式

2.5.2 习题

一、选择题

1. 3ds Max 2011 中的坐标系类型有多少种？（　　　）

A. 6 　　　　　　　　B. 7 　　　　　　　　C. 8 　　　　　　　　D. 9

2. 下面哪个坐标系是 3ds Max 2011 默认的？（　　　）

A.【视图】坐标系　　　　　　　　B.【屏幕】坐标系
C.【拾取】坐标系　　　　　　　　D.【世界】坐标系

二、简答题

3ds Max 2011 提供了几种坐标轴心的设置方案？分别是什么？

第3章

3ds Max 2011 的基本操作

本章导读

　　3ds Max 2011 属于单屏幕操作软件，它所有的命令和操作都在一个屏幕上完成，不用进行切换，这样可以节省大量的工作时间，同时创作也直观明了。作为 3ds Max 2011 的初级用户，学习和适应软件的工作环境及基本的文件操作是非常必要的。

知识要点

- ✪ 捕捉设置　　　　　　✪ 快照　　　　　　✪ 镜像复制
- ✪ 对齐　　　　　　　　✪ 间隔工具　　　　✪ 工作流程
- ✪ 变换复制　　　　　　✪ 阵列

3.1　设置捕捉功能

　　捕捉是大多数计算机绘图软件都具有的一项辅助功能，能使鼠标定位在某一个特殊的像素点上，如顶点、中点或中心点等，从而便于绘图。3ds Max 2011 具有强大的目标捕捉功能，这给图形的绘制和编辑带来了极大的便利。在菜单栏上选择【工具】|【栅格和捕捉】|【栅格和捕捉设置】命令，在弹出的对话框中选择【捕捉】选项卡，就可以设置捕捉的类型，如图 3-1 所示。

　　选择【选项】选项卡，可以设置目标的捕捉精度，如图 3-2 所示。

图 3-1　设置捕捉类型

图 3-2　设置捕捉精度

　　3ds Max 2011 在工具栏中设置了对象捕捉按钮区，以便用户准确、快速地捕捉需要选取的对象，这些按钮的功能如下。

- ● ⬚（三维捕捉）按钮：该按钮用于捕捉对象各个方向上的顶点和边界，是系统默认的捕捉方式。

- ^{2} （二维捕捉）按钮：该按钮只能在启动的网格上进行对象的捕捉，忽略其高度方向的捕捉。
- $^{2.5}$ （二点五维捕捉）按钮：该按钮用于捕捉对象的各个顶点和边界在某一平面上的投影。
- （角度捕捉切换）按钮：该按钮用于以一定的角度捕捉对象。
- （百分比捕捉切换）按钮：该按钮用于以一定的百分比增量捕捉对象。
- （微调器捕捉切换）按钮：该按钮用于设置调整区域的数值增量。

在工具栏中设置【二维捕捉】^{2}功能，然后以长方形的左上角为圆心，以长方形的宽为半径绘制一个圆形的情形，如图 3-3 所示。

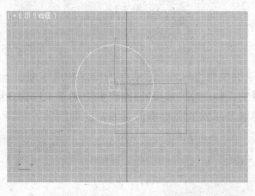

图 3-3 【二维捕捉】实例

3.2 课堂实训 1——设置快捷键

在 3ds Max 2011 中，对于没有快捷键的选项，或者用户需要更改系统自定义的选项时，可以自定义快捷键。自定义快捷键的方法非常简单，具体操作如下。

Step 01 从菜单栏中选择【自定义】|【自定义用户界面】命令，然后在弹出的对话框中选择【键盘】选项卡，在这个选项卡中可以设置快捷键，如图 3-4 所示。

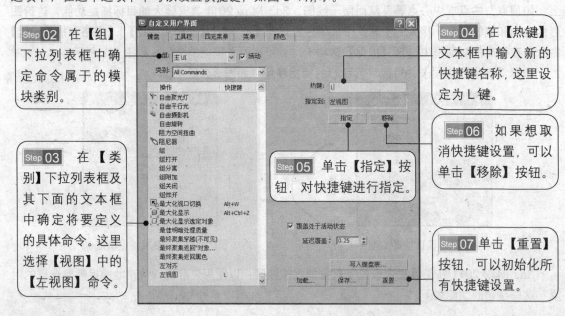

Step 02 在【组】下拉列表框中确定命令属于的模块类别。

Step 03 在【类别】下拉列表框及其下面的文本框中确定将要定义的具体命令。这里选择【视图】中的【左视图】命令。

Step 04 在【热键】文本框中输入新的快捷键名称，这里设定为 L 键。

Step 05 单击【指定】按钮，对快捷键进行指定。

Step 06 如果想取消快捷键设置，可以单击【移除】按钮。

Step 07 单击【重置】按钮，可以初始化所有快捷键设置。

图 3-4 设置快捷键

3.3 变换对象

模型创建完成后，需要考虑如何选择、移动、旋转和缩放，将进行这些操作的工具统称为变换工具。这些变换工具可以直接在工具栏上找到，如图 3-5 所示。

- **选择工具**：选取物体，但不会改变物体的状态（快捷键是 Q）。
- **选择并移动工具**：选择并移动物体的位置（快捷键是 W）。
- **选择并旋转工具**：选择并旋转物体的方向（快捷键是 E）。
- **选择并均匀缩放工具**：选择并按物体的百分比来缩放物体的大小（快捷键是 R）。在选择并均匀缩放工具的右下角有一个小三角，表明下面还隐藏有其他选项。在 3ds Max 2011 中，一共有 3 种类型的缩放工具。图 3-6 左图为缩放工具，右图为缩放操作。

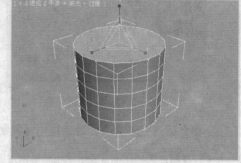

全部

图 3-5 工具栏上的各种变换工具

图 3-6 缩放工具与操作

- ◈ **选择并均匀缩放**：按照物体的原始比例缩放物体大小，不会改变物体的形状。
- ◈ **选择并非均匀缩放**：按照特定的轴向缩放物体，可以使物体变形。
- ◈ **选择并挤压**：在缩放物体的同时，对物体造成压缩变形的效果。

3ds Max 2011 还允许用户输入用于对象变换的数字坐标或偏移量来精确地变换对象。先选择【选择并移动工具】，再在该按钮上右击，则弹出【移动变换输入】对话框，如图 3-7 所示。可以在对话框中输入具体数值来达到变换的目的。

图 3-7 【移动变换输入】对话框

> **提 示**
>
> 选择【工具】|【移动变换输入】命令、右击变换工具或按 F12 键也能打开该对话框。对于其他变换工具可以用同样的操作方法来实现【移动变换输入】。

3.4 复制对象

在 3ds Max 2011 中，复制对象与在其他绘图应用软件中复制对象一样，例如，当绘制了一个基本图形后，可以用多种方法来复制这个图形，甚至可以将原图形与复制得到的图形按照一定的排列规律来复制。下面详细地讲解在 3ds Max 2011 中复制图形的操作。

3.4.1 课堂实训2——变换复制对象

通常，在变换对象的时候也可以复制对象，使用的方法有以下几种。

1. 移动并复制

如图3-8所示，在先创建一个圆环的情况下，使用工具栏中的【选择并移动】工具 选择圆环，然后按住Shift键不放，在视图中沿着圆环的X轴方向移动圆环。松开鼠标，弹出【克隆选项】对话框，如图3-9所示。

图3-8　移动并复制对象　　　　　　　　图3-9　【克隆选项】对话框

下面介绍【克隆选项】对话框中【复制】、【实例】和【参考】单选按钮的含义。

- **复制：**选择此项，表示单独地复制对象。
- **实例：**选择此项，表示复制对象之后，只要其中一个物体的属性发生改变（比如半径等），另外一个物体的属性就会随之改变。
- **参考：**选择此项，表示复制对象之后，只要有其中一个物体发生改变，另一个物体也会随之发生改变。

【克隆选项】对话框中的【副本数】用来设置复制的数量，【名称】文本框用来修改复制后对象的名称。

如图3-10所示是继续使用【选择并移动】工具 复制【圆环02】的结果，这是在【克隆选项】对话框中设置了【副本数】为3的效果。

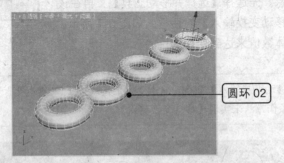

图3-10　复制多个对象

2. 旋转并复制

如图3-11所示，在先创建一个圆柱体的情况下，使用工具栏中的【选择并旋转】工具 选择圆柱体，按住Shift键不放，在视图中沿着圆柱体的Y轴方向移动圆柱体。松开鼠标，弹出【克隆选项】对话框，将对象设置为【复制】。如图3-12所示为设置【副本数】为8时得到的效果。

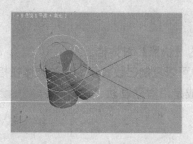
图 3-11　旋转并复制对象

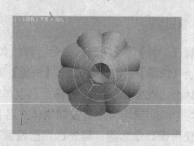
图 3-12　旋转并复制多个对象

缩放并复制对象的操作与选择并复制、旋转并复制的操作是一样的，都需要结合 Shift 键来实现，读者可以自行上机练习。

3.4.2　课堂实训 3——阵列复制对象

阵列复制用于以当前选择的物体为对象，进行一系列的复制操作。该按钮带有弹出按钮，包括 3 种操作方法。

1. 阵列

选择【工具】|【阵列】命令，弹出如图 3-13 所示的【阵列】对话框。或者单击【阵列】按钮，也会弹出【阵列】对话框。在【阵列】对话框中，可以对当前选择的物体进行一维、二维和三维的复制操作，该命令常用于复制大量有规律的物体。

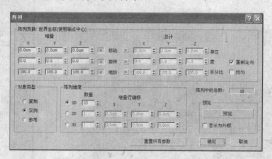
图 3-13　【阵列】对话框

如图 3-14 所示，在原球体的基础上再复制 3 个球体，具体操作如下。

Step 01　选择球体，选择【自定义】|【显示】|【显示浮动工具栏】，在【附加】对话框中选择【阵列】按钮。

Step 02　按照图 3-14 中的参数进行设置。

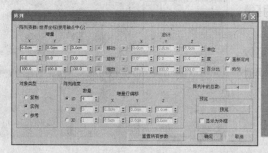

图 3-14　【阵列】操作演示

2. 快照

选择【工具】|【快照】命令,弹出如图 3-15 所示的【快照】对话框。

单击【快照】按钮也会弹出【快照】对话框。在其中可以复制已设置了动画的物体在指定帧中的运动状态,就像拍摄照片一样。可以单独复制任一帧或是沿着动画轨迹间隔均匀时间或均匀距离复制物体在各帧中的状态。

在使用该命令之前,需先选定已设置了动画的对象。

如图 3-16 所示,在原圆环的基础上再复制 2 个圆环,具体操作如下。

Step 01 单击【创建】|【几何体】|【圆环】按钮,绘制一个圆环。

Step 02 选择圆环,选择【工具】|【快照】命令。

Step 03 按照图 3-16 中的参数进行设置。

3. 间隔工具

图 3-15 【快照】对话框

选择【工具】|【对齐】|【间隔工具】命令,快捷键为 Shift+I,弹出如图 3-17 所示的【间隔工具】对话框。

使用该对话框可以沿着由样条线或由一对点所定义的路径分配当前选择的物体。被分配的物体可以是当前选择的物体的复制、实例或参考。

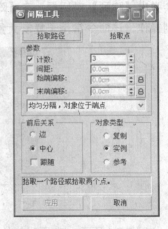

图 3-16 【快照】操作演示   图 3-17 【间隔工具】对话框

3.4.3 镜像复制对象

选择【工具】|【镜像】命令,或者单击工具栏中的 按钮,弹出如图 3-18 所示的【镜像:世界 坐标】对话框。

使用【镜像:世界 坐标】对话框,可以当前坐标系的中心来镜像所选择的物体,同时还可以进行复制操作。

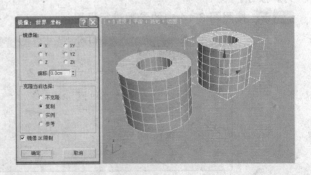

图 3-18 【镜像:世界 坐标】对话框

3.5　对齐对象

对齐用于使当前选定的对象按指定的坐标方向和方式与目标对象对齐。常用的对齐工具为，也可以选择【工具】|【对齐】菜单命令，或者按快捷键 Alt+A。

任何可以被变换的对象都可以被对齐，如灯光、摄像机和空间扭曲等。具体操作方法是先选择需要对齐的对象，然后单击【对齐】按钮，此时鼠标变成对齐图标样式；再选择目标对象，则弹出【对齐当前选择】对话框（目标对象的名称显示在【对齐当前选择】对话框的标题栏位置）。

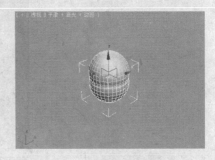

图 3-19　对齐目标物体的选择

如图 3-19 所示，选择【球 01】物体，然后从工具栏中选择【对齐】工具，从视图中选择【球 02】物体，此时鼠标形状与【对齐】工具的形状近似。

当单击【球 02】后，弹出【对齐当前选择】对话框，如图 3-20 所示。【对齐当前选择】对话框中的【对齐位置】选项组中【当前对象】和【目标对象】下各选项的含义如图 3-21 所示。

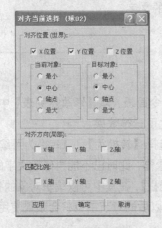

图 3-20　【对齐当前选择】对话框

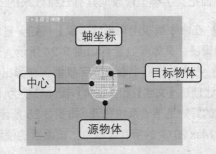

图 3-21　【对齐当前选择】对话框中选项的含义

3.6　课堂实训 4——3ds Max 的工作流程

接下来讲述在 3ds Max 2011 中制作一个完整的三维动画的过程，让读者对简单动画的制作过程有一个比较清楚的了解，并讲述立体文字的创建、坐标的切换、材质的编辑、关键帧的设置和动画的输出，简单介绍【堆栈栏】。

3.6.1　创建模型

首先介绍如何创建一个文字模型，同时附带介绍一些 3ds Max 2011 中的基本内容。

Step 01　在命令面板上单击【创建】按钮，显示出【创建】命令面板，再打开【图形】子命令面板，在【对象类型】中单击【文本】按钮，如图 3-22 所示。

Step 02　在【图形】子命令面板的【参数】卷展栏的文本框中输入【三维世界】字样，然后在【前视图】中单击一下，字样便显示出来，如图 3-23 所示。这样就创建了一个文字模型。

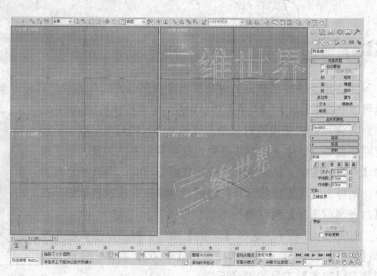

图 3-22　单击【文本】按钮　　　　　　　　　图 3-23　创建文字模型

Step 03 如果创建的文字过大，看不到整体的模型，可以单击导航区中的【缩放】　按钮，在需要缩放的视图中拖动鼠标对模型进行缩放，直到可以看到完整的文字。

3.6.2　修改模型

下面把文字模型修改成具有三维效果的三维模型。

Step 01 在命令面板上单击【修改】按钮，显示出【修改】命令面板，从【修改器列表】中选择【倒角】编辑器，具体参数设置如图 3-24 所示。这样文字就产生了三维效果。

Step 02 在当前视图中右击文字模型，在弹出的快捷菜单中选择【转换为】|【转换为可编辑网格】命令，让创建【文字】和【倒角】操作转换为【可编辑网格】操作，此时已不能再修改文字的内容了，这样做的好处是节省系统资源。如图 3-25 所示的面板为【堆栈栏】，在其中可以编辑对象的各种属性。在 3ds Max 2011 的所有面板中，该面板的使用频率最高，在以后的章节中也将会频繁使用。

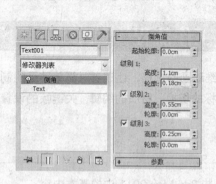

图 3-24　设置参数　　　　　　　　　　　图 3-25　堆栈栏

3.6.3　切换坐标

在用 3ds Max 2011 创建动画的过程中，切换坐标的操作不是一个关键性过程，放在这里讲只是因为在这个小实例中要用到。在 3ds Max 4 之前的版本中，切换 X、Y、Z 坐标轴的按钮被放在

工具栏中，但在 3ds Max 5 之后，这几个按钮默认情况下不再显示在工具栏上。如果读者习惯使用这些工具，可以将其显示在工具栏上，方法是在菜单栏上选择【自定义】|【显示 UI】|【显示浮动工具栏】命令，这时，将会弹出 X、Y、Z 坐标轴向约束的浮动工具栏，如图 3-26 所示。可以从中选择一个坐标轴来限制物体的变换坐标。

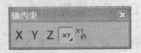

图 3-26 浮动工具栏

提 示

切换坐标轴的快捷键是 F5 键、F6 键、F7 键、F8 键。

3.6.4 恢复操作

在用 3ds Max 2011 创建动画的过程中，恢复操作也不属于关键性过程，放在这里讲同样也是因为在创建这个小动画的时候需要用到。如果在制作过程中出现了错误，可以通过菜单栏上的【编辑】|【撤销】或【重做】命令恢复或重复前一次操作，这两个命令在工具栏上都有对应的快捷按钮，如图 3-27 所示。

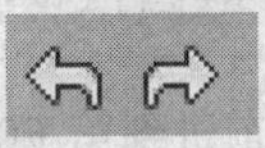

在默认情况下只能恢复 20 步操作，可以在菜单栏上选择【自定义】|【首选项】命令，通过设置【场景撤销】栏里的【级别】值，获得更多的恢复次数。

图 3-27 撤销或重做操作按钮

恢复或重复前一次操作的快捷键是 Ctrl + Z（撤销选择）和 Ctrl + Y（重做）。其实，恢复操作的最好方法就是随时保存自己的文件。

3.6.5 赋予材质

在创建模型之后，可以给模型赋予材质以达到质感效果。下面是给文字模型赋予材质的详细步骤。

Step 01 在工具栏中单击 （【材质编辑器】）按钮，或直接按 M 键，在弹出的【材质编辑器】面板中设置各种参数，如图 3-28 所示。

Step 02 从【明暗器基本参数】下拉列表框中选择【金属】选项，并勾选【线框】和【双面】复选框。

Step 03 设置【金属基本参数】中的【环境光】和【漫反射】的颜色为白色，【高光级别】设置为 0 和【光泽度】设置为为 10。

Step 04 在视图中选择文字模型，然后单击材质编辑器中的 （将材质指定给选定对象）按钮。这样，就为文字模型赋予了一种网格材质。

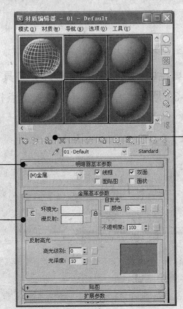

图 3-28 【材质编辑器】面板

3.6.6 设置动画

在这一小节将为文字模型制作一段动画，使读者初步了解制作动画的工作过程。详细步骤如下。

Step 01 在工作界面的动画控制区单击【关键点过滤器】按钮 关键点过滤器... ，弹出【设置关键点过滤器】对话框。在这个对话框中选中【位置】、【旋转】、【缩放】、【IK 参数】等复选框，如图 3-29 所示。

Step 02 在动画控制区单击【设置关键点】按钮 设置关键点 ，或者按快捷键【"】，则当前视图的周围显示出红色线框，表示进入动画记录状态。

Step 03 确定选择的文字模型，并且当前时间处于第 0 帧。在动画控制区单击 ∞ （设置关键点）按钮，为当前的文字模型设置一个空白的关键帧。

图 3-29　设置关键点

注　意

> 设置关键点 （设置关键点）和 ∞ （设置关键点）是两个不同的按钮。

Step 04 前进到第 60 帧，选择工具栏中的 ⊡ （选择并均匀缩放）工具，在【透视图】中缩小文字模型，如图 3-30 所示。在动画控制区单击 ∞ （设置关键点）按钮，设置关键帧。

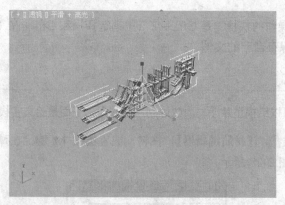

图 3-30　在第 60 帧缩小文字模型

Step 05 前进到第 100 帧，选择工具栏中的 ◯ （选择并旋转）工具，在透视图中旋转文字模型，沿着 X 轴顺时针旋转 360°，如图 3-31 所示。单击 ∞ （设置关键点）按钮，设置关键帧。

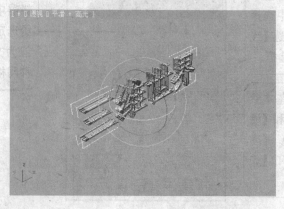

图 3-31　在第 100 帧旋转文字模型

Step 06 单击动画播放控制区的 ▶ （播放动画）按钮，或者按快捷键【?】，预览动画效果。

3.6.7 渲染输出

在这一小节，将把文字动画渲染成为 AVI 格式的文件，详细步骤如下。

Step 01 单击菜单栏中【渲染设置】按钮，或者直接按 F10 键，在出现的【渲染设置】对话框中设置各项参数，如图 3-32 所示。

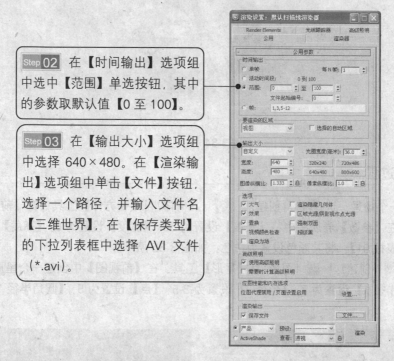

Step 02 在【时间输出】选项组中选中【范围】单选按钮，其中的参数取默认值【0 至 100】。

Step 03 在【输出大小】选项组中选择 640×480。在【渲染输出】选项组中单击【文件】按钮，选择一个路径，并输入文件名【三维世界】，在【保存类型】的下拉列表框中选择 AVI 文件（*.avi）。

图 3-32　渲染场景

Step 04 单击【保存】按钮后将会弹出【AVI 文件压缩设置】对话框，如图 3-33 所示。在【压缩器】下拉列表框中选择【Cinepak Codec by Radius】选项，设置【主帧比率】为 15，单击【确定】按钮。

Step 05 在【渲染设置】对话框底端单击【渲染】按钮，开始进行渲染。

Step 06 渲染完毕后，打开保存的【三维世界】文件，双击即可播放动画。

Step 07 选择【文件】|【保存】菜单命令，或者直接按 Ctrl +S 键，保存文件。源文件参见【素材\Scene\Ch03\三维世界.max】。

图 3-33　【AVI 文件压缩设置】对话框

3.7 案例实训——制作工艺表

本节通过 3ds Max 的基本操作来创建一个工艺表。

3.7.1 实例效果

使用阵列命令创建的工艺表效果如图 3-34 所示。

图 3-34 工艺表

3.7.2 操作过程

Step 01 重置一个场景，选择 ☀ （创建）| ○ （几何体）|【长方体】工具，在【前视图】中创建一个长方体，在【参数】卷展栏中将【长度】设置为 50，【宽度】设置为 6，【高度】设置为 4，并将其命名为【表柱 01】，将其颜色设置为白色，如图 3-35 所示。

Step 02 选择 ☀ （创建）| ☑ （图形）|【星形】工具，在【前视图】中创建一个星形。在【参数】卷展栏中将【半径 1】设置为 7，【半径 2】设置为 3.5，【点】设置为 5，【圆角半径 1】设置为 1，如图 3-36 所示。

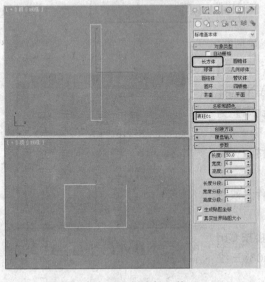

图 3-35 创建长方体

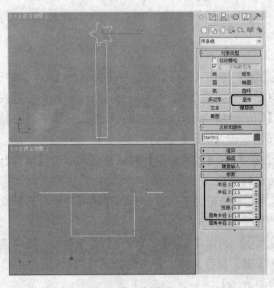

图 3-36 创建星形

Step 03 选择星形，切换到修改命令面板，在【修改器列表】中选择【挤出】修改器，在【参数】卷展栏中将【数量】设置为 6，并使用 ○ （选择并旋转）工具在视图中调整星形的位置，如图 3-37 所示。

Step 04 选择星形，按住 Shift 键，在【前视图】中将其向下拖动，复制出一个星形，并调整其位置，如图 3-38 所示。

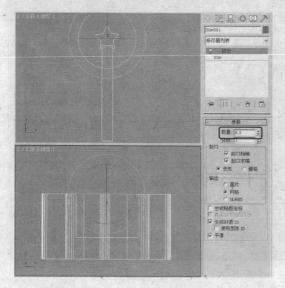
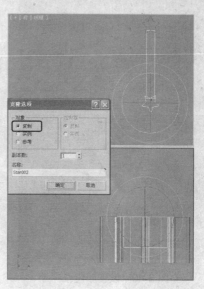

图 3-37　为星形施加【挤出】修改器　　　　图 3-38　复制并调整星形

Step 05 同时选中当前场景中的三个对象，在菜单栏中选择【工具】|【阵列】命令，打开【阵列】对话框，将 Z 轴的旋转增量设置为 30，在【阵列维度】选项组中将 1D 的【数量】设置为 6，如图 3-39 所示。

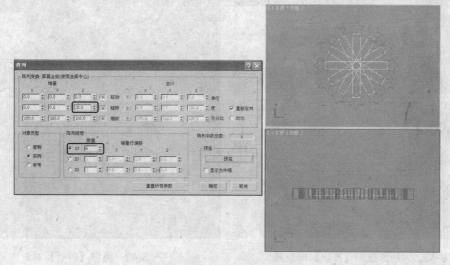

图 3-39　阵列对象

Step 06 为阵列出的星形对象设置不同的颜色，如图 3-40 所示。

Step 07 选择 （创建）|　 （图形）|【矩形】工具，在【前视图】中创建一个矩形，将其命名为【分针】，在【参数】卷展栏中将【长度】、【宽度】和【角半径】分别设置为 23、3 和 1.4，如图 3-41 所示。

Step 08 选择刚创建的矩形，进入修改命令面板，在【修改器列表】中选择【挤出】修改器，在【参数】卷展栏中将【数量】设置为 0.3，【分段】设置为 1，如图 3-42 所示。

图 3-40　设置颜色

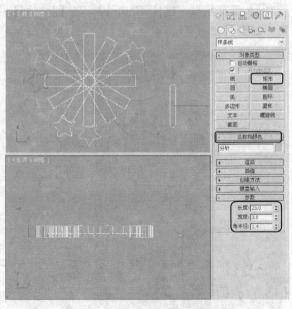

图 3-41　创建矩形

Step 09　复制【分针】对象，将复制的对象命名为【时针】，然后进入修改命令面板，选择 Rectangle，在【参数】卷展栏中将【长度】设置为 17，如图 3-43 所示。

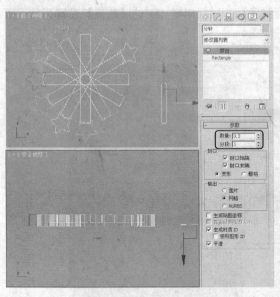

图 3-42　为矩形施加【挤出】修改器

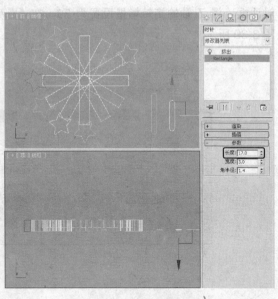

图 3-43　复制【时针】对象

Step 10　旋转并调整【时针】与【分针】的角度和位置，将其放置在表盘的适当位置。然后在【前视图】中创建一个【半径】为 0.8、【高度】为 5 的圆柱体，将其命名为【表轴】，并放置在表盘的中央位置，可以根据自己的喜好更改【时针】、【分针】和【表轴】的颜色，如图 3-44 所示。

Step 11　在【前视图】中创建一个长方体，将其命名为【背板】，将颜色设置为白色，在【参数】卷展栏中将【长度】、【宽度】和【高度】分别设置为 230、400、1，并在视图中调整它的位置，如图 3-45 所示。

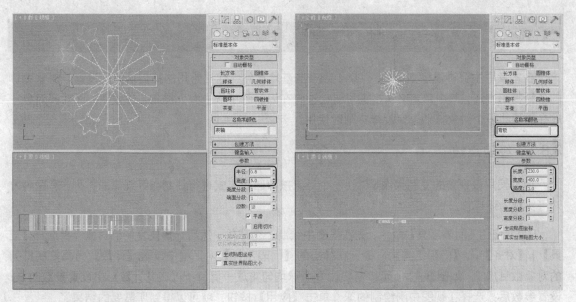

图 3-44　创建【表轴】　　　　　　　　　图 3-45　创建【背板】

Step 12　选择 ☀（创建）| 🔦（灯光）|【天光】工具，在【顶视图】中创建一盏天光，在菜单栏
中选择【渲染】|【渲染设置】命令，打开【渲染设置：默认扫描线渲染器】对话框，切换到【高
级照明】选项卡，在【选择高级照明】卷展栏中设置高级照明为【光跟踪器】，在【参数】卷展栏
中将【附加环境光】的 RGB 值设置为 115、143、143，如图 3-46 所示。

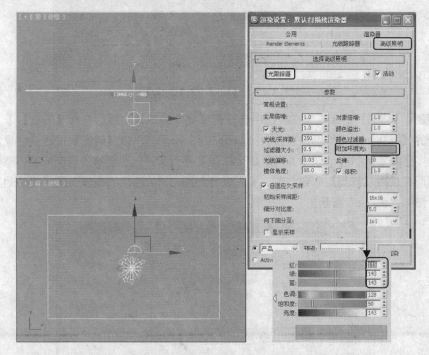

图 3-46　设置天光

Step 13　在工具栏中单击 🖼（渲染产品）按钮渲染【透视图】，渲染完成后将场景文件保存。源文
件参见【素材\Scene\Ch03\工艺表.max】。

3.8 本章小结

在本章中主要讲述了 3ds Max 2011 的一些基本操作，包括常用的捕捉功能的设置、对象物体的各种复制方法，其中自定义快捷键可以让读者在以后的工作中大大提高工作效率，而对齐对象一般在需要让多个对象按照一定规律排列时使用。

3.8.1 经验点拨

通常使用最频繁的复制操作是，让一个对象按照圆周方式进行复制与等规律的排列，有两种方法可实现上述操作。

（1）使用【间隔工具】命令。先在视图中绘制一个球体，然后选择要复制的对象，再选择【工具】|【对齐】|【间隔工具】命令，在弹出的【间隔工具】对话框中设置【计数】为要复制排列的对象数目加 1。如图 3-47 所示，需要让 8 个球均匀排成一周，所以在【计数】中设置参数为 8；设置参数后，选择在视图中刚绘制的球，单击【应用】按钮，就可以得到所需要的结果了。

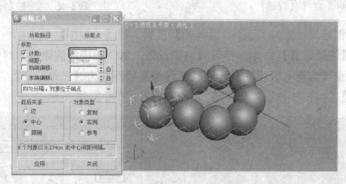

图 3-47 【间隔工具】对话框

（2）使用【阵列】命令。先在视图中选择需要复制的球体，然后选择【工具】|【阵列】命令，在弹出的【阵列】对话框中设置参数，如图 3-48 所示。单击【确定】按钮，结果发现球体还是一个。其实已经复制了 8 个球体，只是 8 个球体重叠到了一起。要解决这个问题，需要调整球体的轴心，因而在使用【阵列】命令之前，要先进行如图 3-49 所示的操作，然后用移动工具调整球体的轴心，结果如图 3-50 所示。

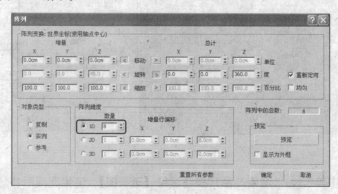

图 3-48 【阵列】对话框

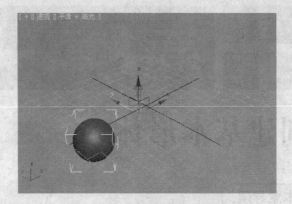

图 3-49　选择球体的轴心　　　　　　　　图 3-50　调整球体的轴心

3.8.2　习题

一、选择题

1. 从【设置快捷键】对话框中查找出系统默认的【角度捕捉锁定】的快捷键是下面哪一个？
（　　　）

A. Alt+S　　　　　　B. S　　　　　　C. A　　　　　　D. Alt+A

2. 下面哪个键是结合变换工具来复制对象的？（　　　）

A. Shift　　　　　　B. Ctrl　　　　　　C. Alt　　　　　　D. Ctrl+Shift

3. 切换 X、Y、Z 和 XY 轴坐标的快捷键分别是什么？（　　　）

A. F2、F3、F4、F5　　　　　　　　　B. F3、F4、F5、F6
C. F4、F5、F6、F7　　　　　　　　　D. F5、F6、F7、F8

4. 下面哪一个图标与创建模型无关？（　　　）

A. 　　　　　　B. 　　　　　　C. 　　　　　　D.

二、操作题

研习场景文件，构造一个新的模型。

第4章

创建基本形体

本章导读

本章将介绍一些几何体，它们结构造型简单，是所有复杂形体的基础，所以一定要熟练掌握它们的创建方法和参数设置。本章的难点是怎样通过扩展几何体的参数设置创建出各类变异造型。

知识要点

- ✪ 二维形体的基本概念
- ✪ 创建二维形体
- ✪ 创建长方体
- ✪ 创建圆锥体
- ✪ 创建球体
- ✪ 创建几何球体
- ✪ 利用二维图形工具创建复合二维形体

- ✪ 通过关闭【开始新图形】模式创建复合二维形体
- ✪ 使用【编辑样条线】命令创建复合二维形体
- ✪ 切角长方体
- ✪ 切角圆柱体
- ✪ 制作冰块
- ✪ 制作胶囊
- ✪ 制作装饰架

4.1 二维形体的基本概念

二维形体是由一条或多条曲线组成的平面图形，而每一条曲线都是由节点和线段的连接组合而成的。调整曲线中节点的数值，可以使曲线的某一段线段变成曲线或直线。曲线是建立对象和对象三维化的必备基本元素，可以利用二维图形工具创造出一些复杂的三维模型。下面介绍一些基本概念。

1. 节点

所谓节点，是指曲线任何一端的一个点，可以设置这个节点的属性来定义节点是角点、平滑，还是【Beziere】的。其中，【Beziere】类型又分为两种，一种是【Beziere】（Beziere 光滑），另外一种是【Beziere 角点】。前者有两个调整杆，分别用来控制曲线进入和离开节点的斜率，后者只有一个调整杆，即曲线进入和离开的斜率相等。在图 4-1 中，分别标出了各种属性的节点。

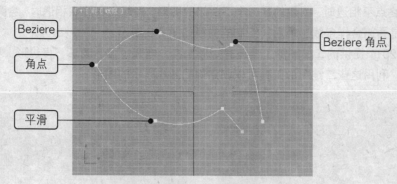

图 4-1　各种节点

2. 调整杆

节点被设置为【Beziere】类型后会显示调整杆，拖动调整杆可以控制曲线进入和离开节点的斜率。

3. 线段

线段是指两个节点之间的样条曲线。

4. 步数

步数是指为了表达曲线而将曲线分割成小段的数目。较高的步数值可以生成光滑曲线，从而生成光滑的曲面。

例如，在【前视图】中创建一条曲线，如图 4-2 所示。这条曲线含有 5 个节点，从上往下数第 2 个节点类型为【角点】，第 3 个节点类型为【贝兹】，第 4 个节点类型为【Beziere 角点】。这条曲线分为 4 个线段，则其步数为 4。

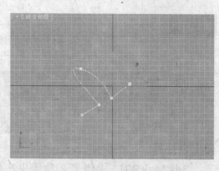

图 4-2　创建的曲线

4.2　创建基本二维形体

基本二维形体是 3ds Max 2011 中内置的标准平面图形，选择命令面板的 ※（创建）选项卡，单击 ◎（图形）按钮，弹出如图 4-3 所示的【图形】子命令面板。

下面在【图形】子命令面板中绘制一条曲线。首先，单击【线】按钮，在命令面板中按照图 4-4 所示设置参数，在【前视图】中单击开始绘图，再在拐弯处单击，结束时右击即可。

图 4-3　【图形】子命令面板

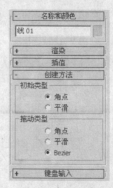

图 4-4　设置参数

当起点和终点不相遇时，创建的是一个不封闭的图形。当起点和终点相遇时，会弹出【样条线】对话框，询问是否闭合样条线。最后，绘制的曲线如图 4-5 所示。

3ds Max 2011 提供的二维图形工具还有矩形、圆、椭圆、弧、圆环、多边形、星形、文本、螺旋线和截面，利用这些二维图形工具可以创建如图 4-6 所示的图形。

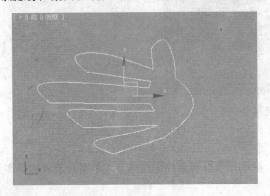 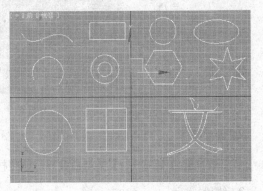

图 4-5　绘制的曲线　　　　　　　　图 4-6　利用二维图形工具创建的图形

提 示

要绘制正方形，可以通过矩形工具结合 Ctrl 键来绘制。

4.3　创建复合二维形体

在通常情况下，一个二维形体都是由一条以上的曲线构成的，因此，需要在基本二维形体的基础上创建复合二维形体。

3ds Max 2011 提供了 3 种用来产生复合二维形体的方法：其一，可以直接利用【圆环】或【文字】工具来产生多重曲线形体；其二，通过关闭【开始新图形】模式来产生复合二维形体；其三，利用【编辑样条线】命令将曲线添加到一个已经存在的二维形体上。

4.3.1　直接利用二维图形工具产生复合二维形体

选择【图形】子命令面板，单击【圆环】按钮，在任意视图中单击鼠标以确定圆心或者圆的边缘；按住鼠标不放并拖动鼠标确定第 1 个圆的半径，松开鼠标开始绘制第 2 个圆；拖动鼠标确定第 2 个圆的半径，然后单击鼠标结束绘图。命令面板中的参数设置如图 4-7 所示。

图 4-7　设置参数

4.3.2 通过关闭【开始新图形】模式产生复合二维形体

在【图形】子命令面板的【对象类型】卷展栏中取消【开始新图形】复选框，确认在视图中未选取任何对象。单击【圆】按钮，在【前视图】中创建一个圆，然后利用【多边形】工具在圆内创建一个八边形，再用【螺旋线】工具在多边形内创建一条螺旋线，如图 4-8 所示。

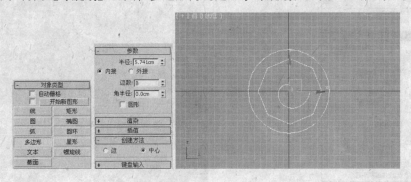

图 4-8 绘制复合二维形体

此时，在【前视图】中便创建了一个由圆、多边形和螺旋线组成的复合二维形体。实际上，复合二维形体是由多个图形和曲线构成的一个二维形体，可以通过【编辑曲线】命令来编辑和移动这些曲线。

4.3.3 课堂实训——利用【编辑样条线】命令产生复合二维形体

在实际创建二维形体时，几乎不能使用二维图形工具直接得到需要的二维形体，一般都要在建立基本二维形体后，再在【修改】子命令面板中使用【编辑样条线】命令来修改才能得到。

选择【线】工具并结合 Shift 键在【前视图】中创建一条垂直的线段【线01】，然后打开【修改】命令面板。单击【Line】旁边的【+】号，展开次一级选项。其中包含【顶点】、【线段】、【样条线】3 个选项，都是直线的次物体。前面曾经提及这个栏目，即【堆栈栏】，如图 4-9 所示。

1. 编辑节点

确认当前视图为【前视图】，单击导航栏中的 （最大化视口切换） 图 4-9 堆栈栏
按钮，全屏幕显示前视图，然后选取直线【线01】。

在【修改】命令面板的【修改器列表】中选择【编辑样条线】命令，然后在堆栈栏中单击【编辑样条线】旁边的【+】号，展开次一级选项。选择其中的【顶点】，这样线段的一个节点就含有了两个小点，表明此节点为线段的起始节点。

> **提 示**
>
> 显示修改器命令按钮的方法是，在【修改】命令面板中右击【修改器列表】，在弹出的快捷菜单中选择【显示按钮】命令，如图 4-10 所示。

> **提 示**
>
> 按键盘上的 Delete 键可以直接删除所选择的节点。

在【修改】命令面板的【几何体】卷展栏中单击【插入】按钮，然后在线段上单击，可以增加新的节点。这时，来回拖动鼠标则可以改变新增节点的位置，这个操作可以重复进行多次，右击则结束操作。使用这种方法把线段调整为如图 4-11 所示的形状。

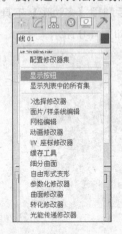 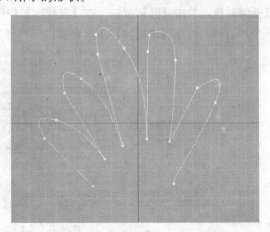

图 4-10　配置按钮显示　　　　　　　　图 4-11　插入新线段

选择工具栏中的 （选择对象）工具，结合 Ctrl 键逐个选取用【插入】命令创建的节点。在选取的节点上右击，选择【角点】命令，此时图像已经变为角点。

使用同样的方法在选取的节点上右击，弹出如图 4-12 所示的快捷菜单，在快捷菜单中选择【平滑】命令，则与该节点相连接的直线段变成了曲线。

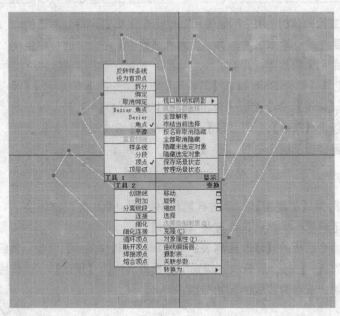

图 4-12　快捷菜单

2．编辑曲线

选择右侧起的第 2 个节点，从右键快捷菜单中选择【Beziere 角点】命令，得到如图 4-13 所示的效果。可以发现【Beziere 角点】模式同【角点】模式一样，不强调切线手柄同模型的外沿保持正切的角度。可以通过移动切线手柄一边的绿色滑块来调整直线的形状。

当从右键快捷菜单中选择【Beziere】命令时，得到如图 4-14 所示的效果。可以发现【Beziere】模式同【光滑】模式一样，都是使节点两侧的直线变得光滑，只是前者在节点上多了两个切线手柄，并且可以通过切线手柄改变任意方向上线段的曲度。

图 4-13 选择【Beziere 角点】模式

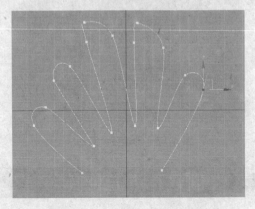

图 4-14 选择【Beziere】模式

选择工具栏中的 ✥ （选择并移动）工具，调整其他节点到如图 4-15 所示的效果。

在【修改】命令面板的【几何体】卷展栏中单击【插入】按钮左侧的【连接】按钮，然后选择曲线中开口的节点，拖动鼠标到开口的另外一个节点上，这时，中间会出现一条虚线，单击虚线出现新的连接线段，如图 4-16 所示。这样就创建了一个封闭的图形。

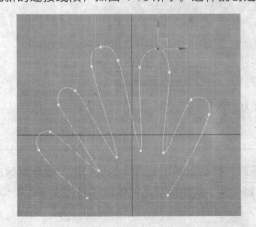

图 4-15 调整后的曲线

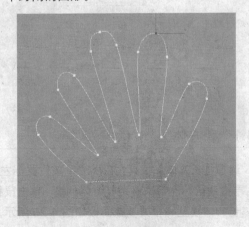

图 4-16 连接线段

3. 组合多个图形

选择命令面板中的 ❋ （创建）选项卡，单击 ⚬ （图形）按钮，再单击【圆】按钮，在上面创建的封闭图形内创建多个圆形，结果如图 4-17 所示。

选择封闭图形，单击【修改】按钮，在【修改器列表】下拉列表中选择【编辑样条线】命令，在堆栈栏中单击【编辑样条线】旁边的【+】号，展开次一级选项。选择其中的【顶点】、【分段】或者【样条线】，单击【几何体】卷展栏中的【创建线】按钮下侧的【附加】按钮，然后在当前视图中逐个选取刚才创建的圆，将其组合为一个整体，如图 4-18 所示。

> **提示**
> 在使用【编辑样条线】命令时，可以按键盘上的 Insert 键在顶点、线段和曲线次物体之间进行切换。

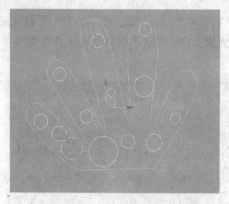

图 4-17　创建多个圆形

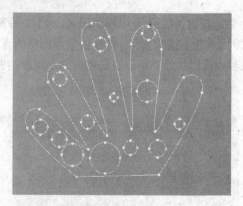

图 4-18　组合多个图形

4.4　创建标准几何体

标准基本体类似于生活中很多常见的东西，如盒子、皮球、管道等。在 3ds Max 2011 中，一共提供了 10 种不同类型的标准基本体，如图 4-19 所示。

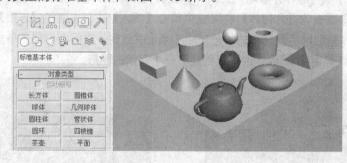

图 4-19　标准基本体

4.4.1　长方体

选择【长方体】工具，在视图中按住鼠标左键不放并拖动以确定长方体的长和宽；松开鼠标左键，再拖动鼠标左键来确定长方体的高，单击鼠标左键结束。其他标准几何体的创建过程与此类似。

长方体模型和相关参数面板如图 4-20 所示。

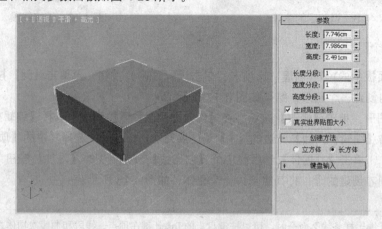

图 4-20　长方体模型和相关参数面板

- **长度、宽度、高度**：通过数字定义长方体的长度、宽度和高度。
- **长度分段、宽度分段、高度分段**：设置长方体在长、宽、高方向上的段数。段数越高，物体的模型就越细致，对系统的要求也就越高。
- **生成贴图坐标**：这个复选框不需要用户自己设置，当给物体指定一个【位图】贴图后，该复选框会自动处于选中状态。
- **真实世界贴图大小**：真实世界贴图的想法是简化应用于场景中几何体的纹理贴图材质的正确缩放。该功能可以创建材质并在【材质编辑器】中指定 2D 纹理贴图的实际宽度和高度。将该材质指定给场景中的对象时，场景中会出现具有正确缩放的纹理贴图。

4.2.2　圆锥体

圆锥体模型和相关参数面板如图 4-21 所示。

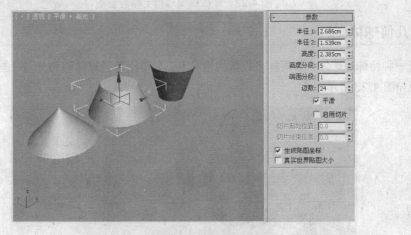

图 4-21　圆锥体模型和相关参数面板

- **半径 1、半径 2**：定义锥体的第 1 个半径、第 2 个半径，即锥体的底面半径和顶面半径。
- **高度、高度分段**：设置圆锥体的高度和高度上的段数。
- **端面分段**：设置圆锥体在顶部与底部的段数。
- **边数**：圆锥体边上的段数。如果数值过低，能明显看到锥体的形状变得粗糙。
- **平滑**：光滑圆锥体的边缘分界。
- **启用切片**：选中该复选框后，可以通过【切片起始位置】、【切片结束位置】确定一个角度将圆锥体切开。

4.4.3　球体

球体模型和相关参数面板如图 4-22 所示。

- **半径**：设置球体的半径，值越大，球体越大。
- **分段**：设置球体的段数。
- **半球**：通过 0~1 之间的数值设置将球体【剪开】，如果数值是 0.5，那么正好得到一个半球。
- **切除**：这个单选按钮只影响半球状态，用来优化段数，为默认选项。
- **挤压**：这个单选按钮只影响半球状态，能够保持球体原有的段数。
- **启用切片**：【切片起始位置】、【切片结束位置】分别用于确定切除部分的起始/终止位置。
- **轴心在底部**：选中此复选框，可以将球体的中心从球体中心位置调整到球体的底部位置。

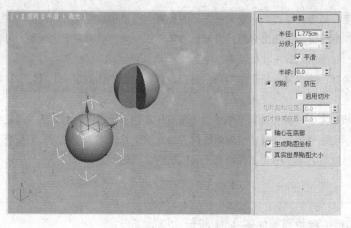

图 4-22　球体模型和相关参数面板

4.4.4　几何球体

这是一种特殊的球体，在同样多段数的情况下，显得比普通球体略微光滑一些。其模型和相关参数面板如图 4-23 所示。

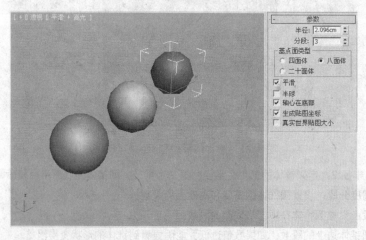

图 4-23　几何球体的模型和相关参数面板

- **半径**：设置几何球体的半径。
- **分段**：几何球体段数。
- **基点面类型**：设置不同的段数分布形式。
- **半球**：选择球体是否为半球。
- **轴心在底部**：将几何球体的轴心位置改为底部。

4.4.5　其他标准几何体

1. 圆柱体

圆柱体模型和相关参数面板如图 4-24 所示。

2. 管状体

管状体模型和相关参数面板如图 4-25 所示。

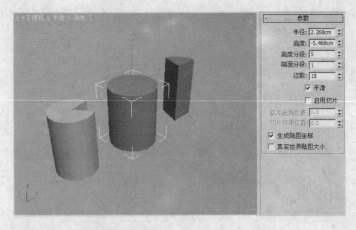

图 4-24　圆柱体模型和相关参数面板

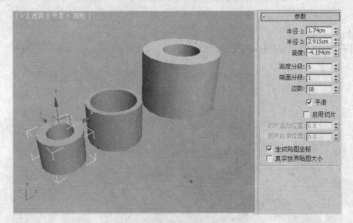

图 4-25　管状体模型和相关参数面板

3. 圆环

圆环模型和相关参数面板如图 4-26 所示。

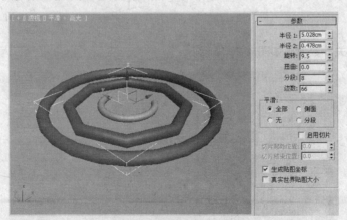

图 4-26　圆环模型和相关参数面板

4. 四棱锥

四棱锥模型和相关参数面板如图 4-27 所示。

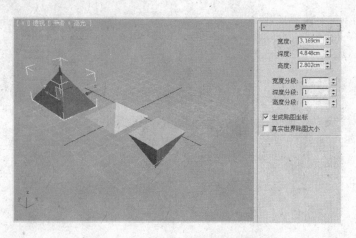

图 4-27　四棱锥模型和相关参数面板

5. 茶壶

茶壶模型和相关参数面板如图 4-28 所示。

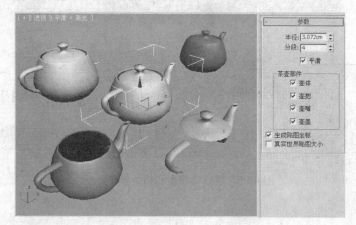

图 4-28　茶壶模型和相关参数面板

6. 平面

平面模型和相关参数面板如图 4-29 所示。

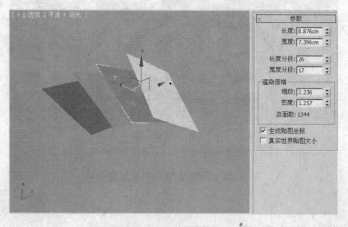

图 4-29　平面模型和相关参数面板

4.5 扩展基本体

选择 ▓ （创建）命令面板，单击 ◯ （几何体）按钮，在其下拉列表框中选择【扩展基本体】选项，进入创建【扩展基本体】的命令面板。这里提供了 13 种标准基本体，与前面讲述的标准基本体非常相似，只是形状比较复杂，如图 4-30 所示。

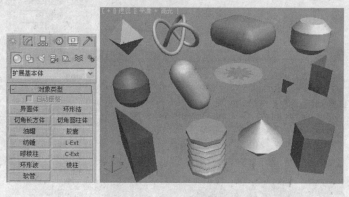

图 4-30 扩展基本体

4.5.1 异面体

异面体模型和相关参数面板如图 4-31 所示。

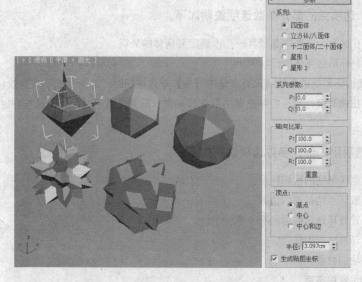

图 4-31 异面体模型和相关参数面板

- **系列：** 在这个选项组里提供了 5 种不同形状的多面体，可以任选一种。
- **系列参数：** 通过 P 和 Q 的值切换点和面的位置。
- **轴向比率：** 通过 P、Q、R 这 3 个方向的值改变物体自身不同程度上的缩放。
- **重置：** 初始化操作。
- **顶点：** 这个选项组提供了 3 个选项，分别用于控制顶点所处的位置。
- **半径：** 直接控制多面体的大小。

4.5.2 环形结

环形结模型和相关参数面板如图 4-32 所示。

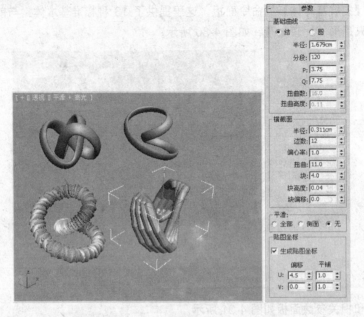

图 4-32 环形结模型和相关参数面板

【基础曲线】选项组的部分参数选项说明如下。

- **结、圆**：在这两个选项中选择其一，以确定几何体的外观。
- **半径**：控制环形结整体的形状大小。
- **P、Q**：变换环形结的形状（只有在选中【结】单选按钮时，这两个选项才有效）。
- **扭曲数和扭曲高度**：用于控制扭曲的数量和高度（只有在选中【圆】单选按钮时，这两个选项才有效）。

【横截面】选项组的部分参数选项说明如下。

- **半径**：控制环形结的粗细程度。
- **边数**：设置环形结截面的边数。
- **偏心率**：设置环形结截面的离心率。
- **扭曲**：使环形结产生扭曲。
- **块**：控制块的数量。
- **块高度**：设置块高度。
- **块偏移**：在路径上移动块改变其位置。

读者可以自行创建图 4-32 中的各种环形结模型。

4.5.3 切角长方体

切角长方体模型和相关参数面板如图 4-33 所示。

图 4-33 切角长方体模型和相关参数面板

- **长度、宽度、高度**：控制切角长方体的长度、宽度、高度。
- **圆角**：设置切角长方体的切角半径，确定切角的大小。
- **圆角分段**：如果圆角分段小于 3，将看不到光滑的切角。

读者可以自行创建图 4-33 中的模型。

4.5.4 切角圆柱体

切角圆柱体模型和相关参数面板如图 4-34 所示。

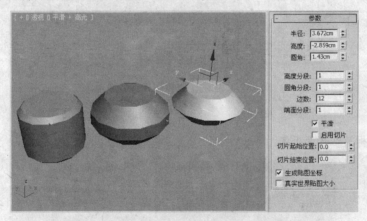

图 4-34 切角圆柱体模型和相关参数面板

- **半径**：圆柱的半径。
- **高度**：圆柱的高度。
- **圆角**：圆柱的切角幅度。
- **圆角分段**：切角的段数。

读者可以自行创建图 4-34 中的各种切角圆柱体的模型。

4.5.5 其他扩展几何体

1. 油罐

油罐模型和相关参数面板如图 4-35 所示。

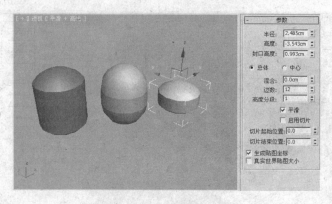

图 4-35　油罐模型和相关参数面板

2. 胶囊

胶囊模型和相关参数面板如图 4-36 所示。

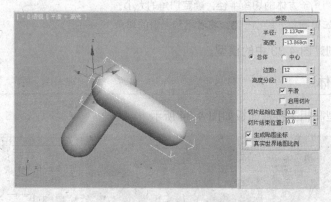

图 4-36　胶囊模型和相关参数面板

3. 纺锤

纺锤模型和相关参数面板如图 4-37 所示。

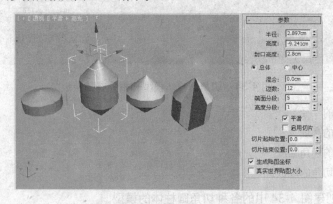

图 4-37　纺锤模型和相关参数面板

4. L-Ext

L-Ext 模型和相关参数面板如图 4-38 所示。可以通过【侧面长度】定义墙两边的长度，【前面长度】定义墙上下面的长度，【侧面宽度】定义墙侧面的宽度，【前面宽度】定义墙两边的宽度。

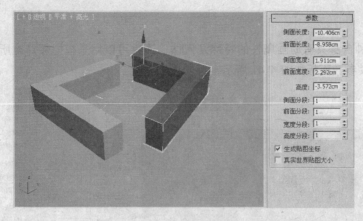

图 4-38　L-Ext 模型和相关参数面板

5. 球棱柱

球棱柱模型和相关参数面板如图 4-39 所示。

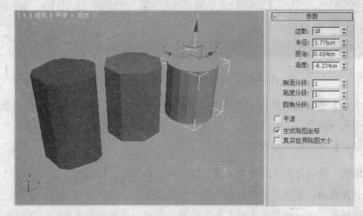

图 4-39　球棱柱模型和相关参数面板

6. C-Ext

C-Ext 模型和相关参数面板如图 4-40 所示。其中，边【长度】定义 3 条边的长度，边【宽度】定义 3 条边的宽度，【高度】定义各边的高度。

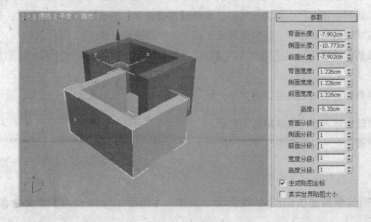

图 4-40　C-Ext 模型和相关参数面板

7. 环形波

环形波是一种自身具有动画属性的特殊几何体，通常可以用来模拟爆炸时所产生的冲击波效果，其模型和相关参数面板如图 4-41 所示。

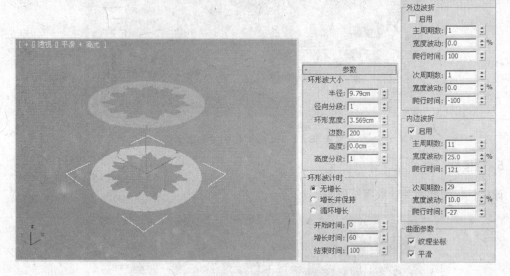

图 4-41　环形波模型和相关参数面板

- **【环形波大小】选项组**：提供了半径、径向分段、环形宽度、边数、高度、高度分段，用来决定环形波的大小和不同方向上的段数。
- **【环形波计时】选项组**的部分选项说明如下。

  ◇　**无增长**：使环形波不产生由小到大的动画效果。
  ◇　**增长并保持**：使环形波产生由小到大的动画效果。当达到最大后，会停止生长。
  ◇　**循环增长**：使环形波产生由小到大的动画效果。当达到最大后，会循环生长。
  ◇　**开始时间**：决定环形波产生动画的起始时间。
  ◇　**增长时间**：决定环形波生长的时间长度。
  ◇　**结束时间**：决定环形波动画的结束时间。

- **【外边波折】选项组**：选中【启用】复选框后，可以通过设置【主周期数】和【次周期数】的值来衰弱输出边界，使之产生锯齿。然后，设置【宽度波动】的值决定影响的程度。设置【爬行时间】的值决定蠕动的动画频率，这个值越低，蠕动的动画速度越快。
- **【内边波折】选项组**：这里的选项与【外边波折】选项组中的选项完全相同，但影响的是环形波的内侧。
- **【曲面参数】选项组**的选项说明如下。

  ◇　**纹理坐标**：使用默认的贴图坐标。
  ◇　**平滑**：光滑环形波形状。

8. 棱柱

棱柱模型和相关参数面板如图 4-42 所示。其中，【侧面 1/2/3 长度】定义 3 条边的长度，【高度】定义高度。

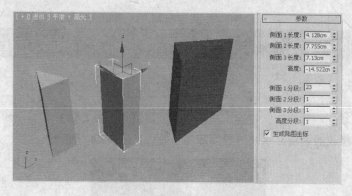

图 4-42　棱柱模型和相关参数面板

9. 软管

软管也是一种极为特殊的扩展几何体，可以用来模拟类似【弹簧】的效果，其模型和相关参数面板如图 4-43 所示。

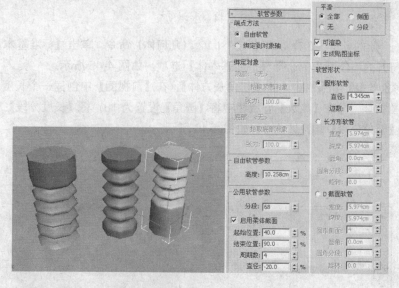

图 4-43　软管模型和相关参数面板

- **【端点方法】选项组**：这里提供了两种控制端点的方式。默认为【自由软管】方式。如果选中【绑定到对象轴】单选按钮，就可以使用两个其他物体来控制软管两端的位置。
- **【绑定对象】选项组**：这里的选项只有在选中【绑定到对象轴】单选按钮后才有效。可以通过单击【拾取顶部对象】和【拾取底部对象】两个按钮将软管的两端绑定到其他物体上。然后可以通过设置【张力】值来调节连接的伸缩状态。
- **【自由软管参数】选项组**：【高度】选项只有在选中【自由软管】单选按钮后才有效，用于决定软管的高度。
- **【公用软管参数】选项组**：这里提供了一些设置软管形状、光滑属性等的常用参数。当选中【启用柔体截面】复选框后，可以使软管变成弹簧形状，然后通过设置【起始位置】、【结束位置】、【周期数】、【直径】的值来改变弹簧的形状。
- **【软管形状】选项组**：这里提供了圆形软管、长方形软管、D 截面软管 3 个单选按钮。默认选中的是【圆形软管】单选按钮，软管会显示为圆管形状，也可以选中其他两个单选按钮，改变软管的形状。

4.6 案例实训

4.6.1 制作冰块

本例将介绍冰块的制作方法。在这一实例中，利用【切角长方体】工具制作冰块的基本形状，通过使用【噪波】修改器编辑出冰块的最终造型，效果如图4-44所示。

图 4-44　冰块效果

Step 01　重置一个新的场景，选择 ✱ （创建）|　○　（几何体）命令，单击【标准基本体】名称右侧的 ✓ 按钮，在打开的下拉列表中选择【扩展基本体】选项，如图4-45所示。

Step 02　在【对象类型】卷展栏中选择【切角长方体】，在【前视图】中创建一个长度、宽度、高度分别为155的立方体，并在【参数】卷展栏中将【圆角】设置为18，将【长度分段】、【宽度分段】、【高度分段】、【圆角分段】均设置为9，如图4-46所示。

图 4-45　选择【扩展基本体】

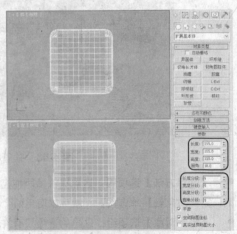

图 4-46　创建切角长方体

Step 03　进入 ☑ 修改命令面板，在【修改器列表】中选择【噪波】修改器，在【参数】卷展栏中将【噪波】选项组下的【比例】设置为100。选中【分形】选项，将【迭代次数】设置为9。在【强度】选项组下将【X】、【Y】、【Z】设置为10，如图4-47所示。

Step 04　完成冰块基本模型的制作后，选择 ✛ （选择并移动）工具，按住键盘上的 Shift 键，选择冰块对象进行位置的移动。当确定其位置后松开鼠标左键，在打开的【克隆选项】对话框中选择【复制】，单击【确定】按钮。完成复制后，单击 ▣ （选择并均匀缩放）工具，然后对复制后的冰块对象进行等比缩放，如图4-48所示。

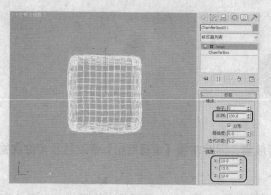

图 4-47 施加【噪波】修改器

图 4-48 复制并调整冰块位置

Step 05 在工具栏中单击 按钮，打开【材质编辑器】，选择第一个材质样本球。

在【明暗器基本参数】卷展栏中，将阴影模式定义为【金属】。

在【金属基本参数】卷展栏中，将【反射高光】选项组中的【高光级别】和【光泽度】的值分别设置为 66、76。

打开【贴图】卷展栏，将【反射】数量设置为 60。单击【反射】通道右侧的【None】贴图按钮，在打开的【材质/贴图浏览器】对话框中选择【位图】贴图，单击【确定】按钮。再在打开的对话框中选择【素材\map\CHROMIC.jpg】文件，最后单击【打开】按钮。进入反射通道面板，根据图 4-49 进行参数设置。

单击 按钮，返回父材质层级，在【贴图】卷展栏单击【折射】通道右侧的【None】贴图按钮，在打开的【材质/贴图浏览器】对话框中选择【光线跟踪】贴图，单击【确定】按钮，我们使用默认的参数，如图 4-50 所示。单击 （将材质指定给选定对象）按钮。

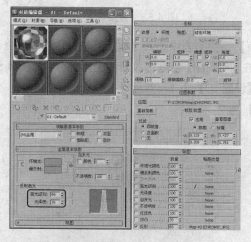

图 4-49 设置参数

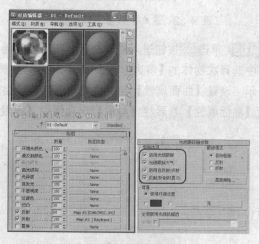

图 4-50 默认参数

Step 06 渲染【透视图】，渲染完成后将场景文件保存。

4.6.2 制作胶囊

本例将介绍感冒胶囊的具体制作方法。在这一实例中，使用扩展基本体中【油罐】制作出感冒胶囊的基本形状，通过使用【修改器】下拉列表中的【编辑网格】命令调整出感冒胶囊的最终造型。其效果如图 4-51 所示。

图 4-51　胶囊

　　通过对本例的学习，可以使读者学会制作感冒胶囊。同时掌握【编辑网格】修改器及多维次物体材质的综合利用。

Step 01　选择 ✳（创建）|　◯（几何体）|【扩展基本体】命令，进入扩展基本体面板，如图 4-52 所示。

Step 02　在【扩展基本体】卷展栏中选择【油罐】工具，然后在【顶视图】中创建油罐，在【参数】卷展栏中，将【半径】设置为 30，将【高度】设置为 165，将【封口高度】设置为 29.7，将【混合】设置为 3，将【边数】设置为 20，将【高度分段】设置为 2，如图 4-53 所示。

图 4-52　进入扩展基本体面板　　　　　　　　　　　　　图 4-53　设置参数

Step 03　单击 ⊿ 按钮进入修改面板，在【修改器列表】下拉列表中选择【编辑网格】命令，在修改器中选择次物体的【多边形】，如图 4-54 所示。然后在【前视图】中框选胶囊的上半部分，如图 4-55 所示，设置【曲面属性】卷展栏【材质】选项组中【设置 ID】为 1，然后选择胶囊的下半部分，设置【曲面属性】卷展栏【材质】选项组中【设置 ID】为 2。

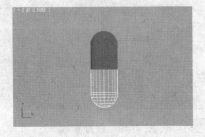

图 4-54　选择多边形　　　　　　　　　　　　　图 4-55　选择上半部分

Step 04　按键盘上的 M 键，打开【材质编辑器】，选择一个新的材质样本球，并将其命名为【胶囊】。单击其右侧的【Standard】按钮，在弹出的对话框中选择【多维/子对象】材质。单击【确定】按钮，在弹出的对话框中使用默认参数即可。单击【确定】按钮。进入【多维/子对象】设置面板，在【多维/子对象基本参数】卷展栏中单击【设置数量】按钮，在弹出的【设置材质数量】对话框中将【材质数量】设置为 2，单击【确定】按钮，如图 4-56 所示。

Step 05 单击第一个材质样本球后面的灰色长条按钮，进入（1）材质面板，在【Blinn 基本参数】
卷展栏中，将【环境光】和【漫反射】的 RGB 值设置为 255、255、255，如图 4-57 所示。

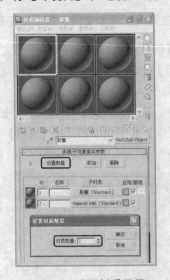

图 4-56　设置材质数量

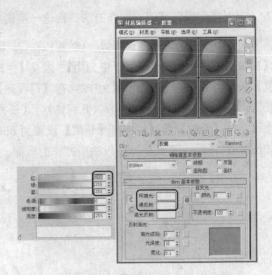

图 4-57　设置材质

Step 06 单击 （转到父对象）按钮，回到【多维/子对象】材质面板，单击第二个材质样本球后
面的灰色长条按钮，进入（2）材质面板，在【Blinn 基本参数】卷展栏中将【环境光】和【漫反射】
的 RGB 值设置为 255、0、27，如图 4-58 所示。单击 （转到父对象）按钮和 （将材质指定给
选定对象按钮）。

Step 07 按 8 键打开【环境和效果】对话框，选择【环境】选项卡，在【公用参数】卷展栏中将【背
景】选项组下的【颜色】的 RGB 值设置为 255、255、255。设置完成后，关闭对话框，如图 4-59
所示。

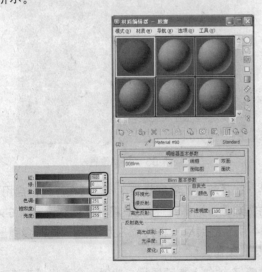

图 4-58　设置材质

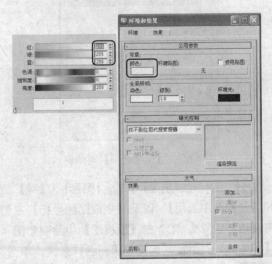

图 4-59　设置背景颜色

Step 08 激活【前视图】，按 Shift+Q 键进行渲染。渲染完成后的效果如图 4-51 所示。将场景文件
保存。

4.6.3　制作装饰架

本例将介绍装饰架的制作方法，在这一实例中主要是应用线工具和常用工具绘制图形。

Step 01 重置一个场景，选择 ✳（创建）| ⚙（图形）|【线】工具，在【渲染】卷展栏中，勾选【在渲染中启用】和【在视口中启用】，以及【生成贴图坐标】左侧的复选框。选择【径向】，将【厚度】设置为 6，将【边】设置为 12，在【前视图】中绘制如图 4-60 所示的线段。

Step 02 选择 ✳（创建）| ◯（几何体）|【长方体】命令，在【顶视图】中绘制一个长方体作为地面，在【参数】卷展栏中将【长度】设置为 350，将【宽度】设置为 390，将【高度】设置为 0，如图 4-61 所示，将其移至线段的下方作为地面。

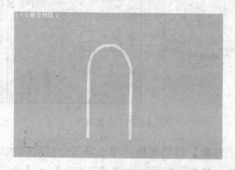

图 4-60　绘制线段

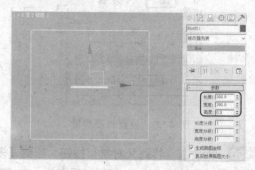

图 4-61　绘制长方体

Step 03 选择刚才绘制的线段，按住 Shift 键沿 Y 轴向右拖动鼠标，会弹出【克隆选项】对话框。选择【复制】单选按钮，将【副本数】设置为 1，单击【确定】按钮，如图 4-62 所示。移动其位置，如图 4-63 所示。

图 4-62　【克隆选项】对话框

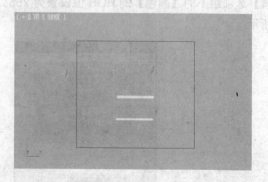

图 4-63　移动位置

Step 04 选择 ✳（创建）| ⚙（图形）|【线】工具，在【渲染】卷展栏中，勾选【在渲染中启用】和【在视口中启用】，以及【生成贴图坐标】左侧的复选框。选择【径向】，将【厚度】设置为 6，将【边】设置为 12，在【顶视图】中绘制如图 4-64 所示的线段，将其命名为【层】。此时会弹出【样条线】对话框，询问是否闭合样条线，单击【是】按钮。

Step 05 选择刚才绘制的线段，按住 Shift 键将其沿着 Z 轴向上拖动鼠标，此时，会弹出【克隆对象】对话框。在【对象】选项组中选择【复制】单选按钮，将【副本数】设置为 3，单击【确定】按钮，并调整它们的位置，如图 4-65 所示。

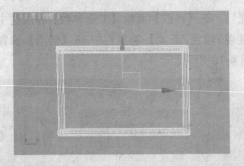

图 4-64 绘制线段

图 4-65 调整其位置

Step 06 选择 ⊕ （创建） | ○ （几何体） | 【长方体】，在【顶视图】中绘制长方体，在【参数】面板中将【长度】设置为73，将【宽度】设置为112，将【高度】设置为1。将其命名为【板】。选择【板】，按住 Shift 键沿 Z 轴移动鼠标，会弹出【克隆选项】对话框，在【对象】选项组中选择【复制】单选按钮，将【副本数】设置为3。单击【确定】按钮，并调整其位置，如图 4-66 所示。

图 4-66 调整其位置

Step 07 选择 ⊕ （创建） | ⚲ （图形） | 【线】工具，在【渲染】卷展栏中，勾选【在渲染中启用】和【在视口中启用】，以及【生成贴图坐标】左侧的复选框。选择【径向】，将【厚度】设置为2，将【边】设置为12，在【前视图】中绘制如图 4-67 所示的线段。按住 Shift 键拖动鼠标，此时，会弹出【克隆对象】对话框，在【对象】选项组中选择【复制】单选按钮，将【副本数】设置为11，单击【确定】按钮，并调整它们的位置，如图 4-68 所示。

图 4-67 绘制线段

图 4-68 调整位置

Step 08 选择视图中除地面以外的所有物体，选择菜单栏中【组】|【成组】命令，将其命名为【组1】。单击【确定】按钮。按 M 键打开【材质编辑器】，为【组1】添加材质。选择一个材质样本球，在【明暗器基本参数】卷展栏中，将【明暗器基本类型】设置为 Blinn。在【Blinn 基本参数】卷展栏中，将【自发光】下【颜色】的值设置为35。选中【漫反射】右侧的小方块，在弹出的【材质/贴图浏览器】对话框中选择【位图】。单击【确定】按钮，在弹出的【选择位图图像文件】对话框中选择【素材\map\枫木.jpg】文件，单击【打开】按钮。单击 ⚏ （将材质指定给选定对象）按钮，设置完成过后关闭该对话框。

Step 09 选择 ⊕ （创建） | ☀ （灯光） | 【天光】在视图中创建天光，在【天光参数】卷展栏中将【倍增】设置为 0.16，如图 4-69 所示。

Step 10 选择【目标聚光灯】，在视图中创建目标聚光灯，在【修改】面板【常规参数】卷展栏中勾选【阴影】选项组中【启用】左侧的复选框。在【强度/颜色/衰减】卷展栏中，将【倍增】设置为0.71，并在视图中调整【目标聚光灯】的位置，如图 4-70 所示。

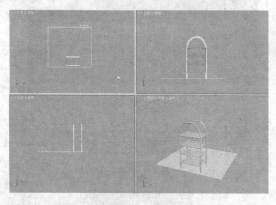
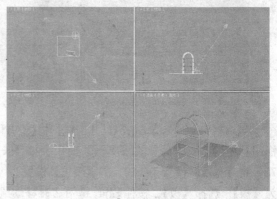

图 4-69　调整【天光】灯光的位置　　　　图 4-70　调整【目标】灯光的位置

Step 11 选择【泛光灯】，在视图中创建泛光灯。在【修改】面板的【强度/颜色/衰减】卷展栏中，将【倍增】设置为 0.54，在视图中调整其位置，如图 4-71 所示。

Step 12 设置完成后，渲染透视视图，渲染完成后效果如图 4-72 所示。将场景文件进行保存。

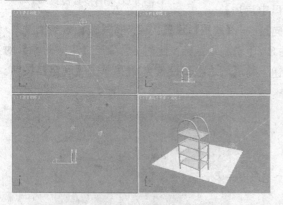

图 4-71　调整灯光　　　　　　　　　图 4-72　装饰架效果

4.7　本章小结

　　本章主要讲述在 3ds Max 2011 中有关创建二维形体的方法、过程和技巧，这是创建三维模型的基础；还讲述了创建基本三维模型的方法、过程和技巧，这些都是创建复杂三维模型的基础，希望读者能够掌握。在绘制基本二维形体中，绘图工具就像人的双手一样，在很多情况下，是最可靠且得心应手的工具。

4.7.1　经验点拨

　　在 3ds Max 2011 中，除了标准基本体和扩展基本体外，还有一种动力学对象，其本身带有动力学属性，如弹簧、阻尼器等，这在很大程度上简化了某些特殊动画效果的制作。

可以在 ❋ （创建）命令面板上单击 ◯ （几何体）按钮，在下拉列表框中选择【动态物体】选项，就可以进入创建动态几何体的命令面板。

另外，在扩展几何体中，有一个称为【软管】的几何体，其本身就是一个具备动力学属性的几何体。可以将不同的物体固定在软管的两端，然后拖动两端的物体，就可以使软管像弹簧一样拉长或缩短。

4.7.2　习题

一、选择题

1. 3ds Max 2011 中用于全部选定视图中物体的快捷键是什么？（　　　）

A. Ctrl+A 　　　　　　B. Ctrl+Q 　　　　　　C. Ctrl+P 　　　　　　D. Ctrl+C

2. 3ds Max 2011 中提供了多少种创建扩展几何体的工具？（　　　）

A. 11 　　　　　　　　B. 12 　　　　　　　　C. 13 　　　　　　　　D. 14

3. 创建复杂二维形体的方法有几种？（　　　）

A. 1 　　　　　　　　　B. 3 　　　　　　　　　C. 5 　　　　　　　　　D. 6

4. 导航区中的 ⊡ 按钮的快捷键是什么？（　　　）

A. Alt＋W 　　　　　　B. Alt＋F 　　　　　　C. W 　　　　　　　　　D. F

二、简答题

3ds Max 2011 中提供了哪几种创建基本二维形体的绘图工具？

三、操作题

1. 练习使用 4.5 节中其他扩展几何体的工具按钮及其相应的参数设置。

2. 在视图中绘制如图 4-73 所示的三维模型。

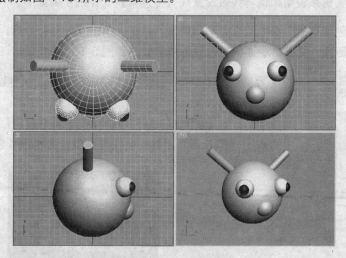

图 4-73　三维模型

3. 操作各个二维图形工具，改变其参数设置，观看效果。

第5章

从二维形体到三维模型的转变

本章导读

本章介绍从二维形体到三维模型的转变的几种修改器，如倒角、车削、挤出等，本章的重点知识是对放样修改器的介绍。

知识要点

- ✪ 设置【可渲染】
- ✪ 【挤出】、【车削】、【倒角】修改器
- ✪ 初次与多次放样
- ✪ 编辑放样

- ✪ 变形放样
- ✪ 拟合放样
- ✪ 创建五角星
- ✪ 创建倒角文字

5.1 设置【可渲染】

有时，创建一个二维形体并快速渲染后会发现什么都没有看到，这是因为没有把那些组成二维形体的线条设置成【可渲染】。

下面通过一个实例来说明如何将线条设置成【可渲染】，详细步骤如下。

Step 01 选择 ☀ （创建）命令面板，选择 ⊕ （图形）按钮，单击【星形】工具，在【透视图】中创建一个星形的二维形体，并在命令面板中设置各项参数，如图 5-1 所示。

Step 02 选择工具栏中的 ◯ 工具或按 Shift+Q 快捷键快速渲染，得到如图 5-2 所示的效果。

Step 03 取消【渲染】卷展栏中的【在渲染中启用】选项，选择工具栏中的 ◯ （渲染产品）工具，会发现好像什么也没有创建。

图 5-1 设置参数

图 5-2 星形效果

5.2 【挤出】修改器

【挤出】修改器用来增加二维形体的深度，可以使二维形体转变成三维模型。该修改器的参数包括【数量】和【分段】，【封口】选项组的参数用于设置是否将三维模型的两端封闭。下面通过一个实例来说明【挤出】修改器的使用，详细步骤如下。

Step 01 选择 （创建）命令面板，选择 （图形）按钮，取消选择【开始新图形】选项，在【顶视图】中创建一个如图 5-3 所示的复合图形。

Step 02 选择 （修改）命令面板，在【修改器列表】中选择【挤出】修改器，在【参数】卷展栏中设置各项参数，如图 5-4 所示。

Step 03 单击导航区的 （环绕）按钮，在【透视图】中将模型调整到合适的角度，按 F9 键快速渲染，得到如图 5-5 所示的三维效果。

图 5-3 创建复合图形   图 5-4 【挤出】参数设置   图 5-5 三维效果

5.3 【车削】修改器

【车削】修改器的功能是通过以某一轴向为中心旋转样条曲线来生成具有圆周对称的模型。该修改器的参数【度数】用于设置旋转的角度，默认的情况是 360°；使用【车削】修改器后所得到的对象也有端面，【封口】选项组的参数和【挤出】修改器相同；【方向】参数用于选择旋转轴，【对齐】参数用于将旋转轴和对象的顶点对齐。下面通过一个例子来说明【车削】修改器的使用，详细步骤如下。

Step 01 重置场景。在【前视图】中画一个易拉罐侧面的样条轮廓，如图 5-6 所示。在刚开始创建样条的时候，如果觉得不容易控制，可以先将线画得简单一些，控制好整体的比例。然后进行细致的修改操作，如增、减顶点等。

Step 02 在菜单栏中选择【修改器】|【面片/样条线编辑】|【车削】命令。现在，样条转成多边形模型，但发现结果并不正确。

Step 03 选择 （修改）命令面板，在【修改器列表】中选择【车削】选项，找到【对齐】选项组，在这个选项组中修正旋转时所采用的轴心位置。这里提供了 3 个按钮，分别是【最小】、【中心】、【最大】，如图 5-7 所示。

Step 04 单击【中心】按钮，使旋转轴心与样条的中心位置对齐。然后单击【最小】按钮，按照物体的最左侧对齐，这一次结果正确。

Step 05 现在模型看上去较粗糙，这是因为段数较低的原因。将【分段】的值设到 32，就会发现模型变得光滑了，如图 5-8 所示。

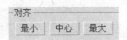

图 5-6　易拉罐的侧面轮廓　　　　图 5-7　轴心对齐方式　　　　图 5-8　增加分段数

Step 06 选中【焊接内核】复选框，将模型的轴心位置焊接，这样可以防止出现接缝。

Step 07 执行操作之后，如果模型出现镂空现象，可选中【翻转法线】复选框，翻转法线的方向。

Step 08 选择【圆】工具，取消选中【开始新图形】复选框，在【顶视图】按照易拉罐盖子的比例创建一个【圆】。

Step 09 在圆形的中间使用【线】工具画出一个三角形，作为开口的位置。进入 ☑（修改）命令面板，在【修改器列表】中选择【编辑样条线】修改器，再将当前选择集定义为【顶点】。选择三角形的 3 个顶点，在【几何体】卷展栏中执行【圆角】命令，使 3 个边角逐个光滑，如图 5-9 所示。

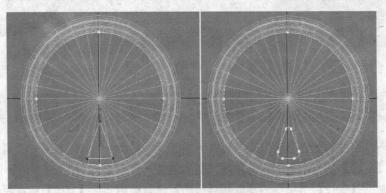

图 5-9　创建圆和三角形

Step 10 在菜单栏中选择【修改器】|【网格编辑】|【挤出】命令，将盖子挤出。

Step 11 打开 ☑（修改）命令面板，将【挤出】修改器的【数量】值设为 2，使盖子薄一些。注意观察，在原来三角形的位置出现了一个洞，这正是所期望的，如图 5-10 所示。

图 5-10　最终的易拉罐模型

5.4　【倒角】修改器

【倒角】修改器使用 3 个平的或圆的倒角挤出样条曲线，常常用于制作三维立体文字。【倒角】修改器类似于【挤出】修改器，也有【封口】选项。其参数【线性侧面】选项和【曲线侧面】选项用于设定倒角斜面是直线还是曲线，如图 5-11 所示。通过【高度】选项和【轮廓】选项可以设定每一级倒角斜面的形状。

图 5-11　【倒角】的效果

下面通过实例来说明【倒角】修改器的使用，详细步骤如下。

Step 01　利用【文本】工具在【前视图】中创建文字【时尚前沿】。
Step 02　在菜单栏中选择【修改器】|【面片/样条线编辑】|【圆角/切角】命令。
Step 03　选择文字所有的顶点，在命令面板中设置参数，如图 5-12 所示，设置【距离】为 5，单击【应用】按钮。
Step 04　打开 （修改）命令面板，在【修改器列表】中选择【倒角】修改器。
Step 05　在卷展栏中设置参数，如图 5-13 所示。渲染后得到如图 5-14 所示的效果。

图 5-12　倒角参数

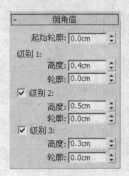

图 5-13　设置倒角参数

图 5-14　倒角效果

5.5　【放样】修改器

通过使用【放样】修改器创建模型是一种极为有效的建模方法，可以使用样条工具分别画出物体的路径和截面形状，然后通过【放样】修改器使之生成三维模型。

要创建对象至少需要两条样条曲线，一条用于定义路径，另一条用于定义截面。创建了样条曲线之后，选择 （创建）命令面板，单击 （几何体）按钮，然后从下拉列表框中选择【复合对象】选项，如果在视图中存在两条或多条样条曲线，则可以启用【放样】按钮。

除了【截面】和【路径】这两个基本的术语之外，放样对象还使用了一些特殊的术语，理解这些基本术语，对于用户创建放样对象非常有帮助。下面先解释【截面】和【路径】这两个基本术语，其他术语在讲解实例的过程中逐步介绍。

- 【截面】定义了一个放样对象的样条曲线集合，一个放样对象只能有一条放样路径，但可以有任意多条截面曲线。在放样对象中，【截面】变成了次物体，因此可以在放样对象的次级模式下编辑截面。
- 【路径】定义【截面】挤出的深度。

5.5.1 初次放样

无论是路径还是截面，首先必须是样条物体才能使用放样修改器。

例如，一个圆柱体的高度可以用一条直线来表示。这条直线可以理解为路径，其截面可以用一个圆形来表示，这个圆形就可以理解为形状。下面根据上述原理来创建一个圆柱体，以理解放样修改器的使用。

Step 01 重置场景，在【前视图】中画一条直线作为路径，然后创建一个圆形作为形状。

Step 02 选择线段，在 ✳ （创建）命令面板上单击 ○ （几何体）按钮，在下拉列表框中选择【复合对象】选项，在新的面板中单击【放样】按钮，面板下方会出现放样选项。

Step 03 打开【创建方法】卷展栏。注意该卷展栏中有两个按钮，一个是【获取路径】，另一个是【获取图形】。这里选择【获取图形】按钮，然后在视图内拾取图形，也就是圆，即可得到一个圆柱体，如图 5-15 所示。

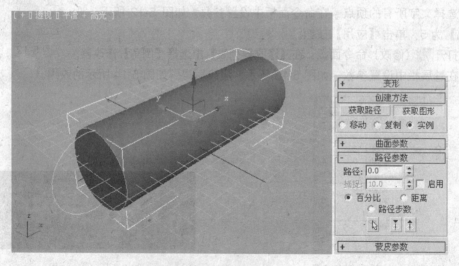

图 5-15　放样创建圆柱体

在前面的操作中，是先选择路径还是先选择形状并不重要。但是如果先选择了形状，就要单击【获取路径】按钮去拾取一个路径；反之，如果先选择的是一个路径，就要单击【获取图形】按钮去拾取一个形状。

在放样结束后，选择原来的直线或圆形，修改形状，被放样出来的几何体形状将会交互地随着改变。这是因为在【创建方法】卷展栏中，默认地选择了【实例】选项，如果选中【复制】选项将得不到这种效果；如果选中【移动】选项，原来的样条就没有了；建议选择默认的【实例】选项。

5.5.2 带有多个截面的放样

下面介绍多个截面图形的放样，具体步骤如下。

Step 01 在【顶视图】中创建两个放样截面图形，在【前视图】中创建作为放样的路径图形，然后选择 ✽ （创建） | ◯ （几何体） | 复合对象 | 【放样】按钮。

Step 02 在【路径】参数卷展栏中使用默认的【路径】参数为 0，单击【创建方法】卷展栏中【获取图形】按钮，在场景中选择一个放样图形。

Step 03 在【路径】卷展栏中设置【路径】参数为 100，单击【创建方法】卷展栏中的【获取图形】按钮，在场景中选择另一个放样图形。完成后的模型效果，如图 5-16 所示。

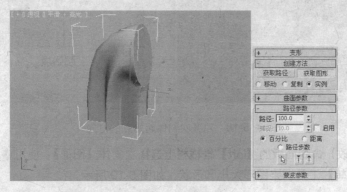

图 5-16 放样出的物体

5.5.3 编辑放样

在使用多次放样后，有时物体会出现扭曲现象，这需要在次物体内进行修正或者在【曲面参数】卷展栏中设置参数；有时需要修改放样物体的截面或者放样路径来修改模型，具体方法如下。

Step 01 在 ✽ （创建）命令面板中的【蒙皮参数】卷展栏中选中【线性插值】复选框，如图 5-17 所示。

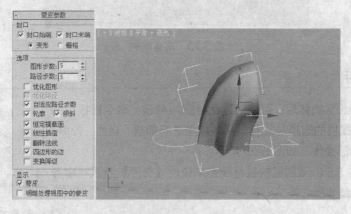

图 5-17 【蒙皮参数】卷展栏

Step 02 模型的扭曲现象稍微减轻了一些，但还是不理想。在 ✐ （修改）命令面板的【loft】堆栈栏上选择次物体【图形】，此时，在 ✐ （修改）命令面板下方出现了一个【图形命令】卷展栏，单击【比较】按钮，打开【比较】窗口。

Step 03 在【比较】窗口中单击 🖼️（拾取图形）按钮，然后在视图内拾取圆形和星形，圆形和星形的形状会在【比较】窗口中显示出来。注意，这两个形状的起始点方向如果不一致，是产生扭曲的原因。可以用 🔄（选择并旋转）工具在视图内旋转圆形或方形，使起始点方向一致，模型就不会产生扭曲现象了，如图 5-18 所示。

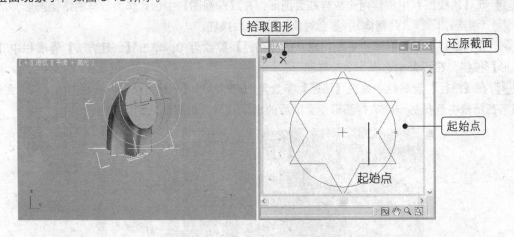

图 5-18　对齐次物体起始点的方向

Step 04 在 📝（修改）命令面板的【loft】堆栈栏上选择次物体【图形】，使用 ✥【选择并移动】工具和 🔄【选择并旋转】工具调整图形大小和形状，如图 5-19 所示，

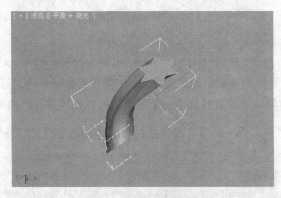

图 5-19　调整图形

5.5.4　变形放样

当选择了一个放样物体后，可以通过此时 📝（修改）命令面板中的【变形】卷展栏所提供的选项对放样出来的模型进行缩放、扭曲、倾斜、倒角和拟合 5 种变形操作，如图 5-20 所示。

下面通过修改 5.5.3 节创建的放样模型来说明【变形】卷展栏中各个选项的功能，详细步骤如下。

图 5-20　【变形】卷展栏

Step 01 选择创建的放样物体。

Step 02 在 📝（修改）命令面板中展开【变形】卷展栏，单击其中的【倾斜】按钮，在出现的对话框中用 ✚（插入角点）工具在变形曲线上单击来增加控制点。

Step 03 用 ✥（移动控制点）工具移动控制点的位置，如图 5-21 所示。

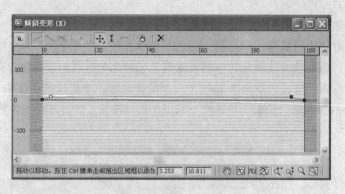

图 5-21　编辑变形曲线

Step 04　此时，发现放样模型产生了倾斜。

在【倾斜变形】窗口上方有一个工具栏，提供了所有的变形设置功能按钮。下面分别对常用的功能按钮进行介绍。

- 均衡：这个按钮默认为激活状态，可以锁定 X、Y 轴的操作。取消其作用后，选择旁边标有红线的按钮代表控制 X 轴，选择标有绿线的按钮代表控制 Y 轴。这时实际上是进行非等比例的操作。
- 显示 X、Y 轴：同时将红、绿两条线显示出来。
- 交换变形曲线：交换红、绿两条线所代表的 X、Y 轴向。
- 移动控制点：移动控制点的位置。
- 插入角点：在图表中的变形曲线上单击增加控制点。在点上右击可以为点选择不同的控制方式。
- 删除控制点：删除控制点。键盘上的 Delete 键也可以删除控制点。
- 重置曲线：初始化所有操作。

5.5.5　拟合放样

【变形】卷展栏中的最后一个选项是【拟合】，其用法和前几个选项有些不同，其功能是通过样条工具画出模型顶部和侧面的轮廓，然后适配出想要的物体。因此，也可称为适配放样。下面使用拟合放样功能来完成一个简单的汽车外形。

Step 01　重置场景，在【顶视图】分别画出汽车的侧面轮廓线、顶部轮廓线、正面轮廓线和一条作为路径的直线，如图 5-22 所示。

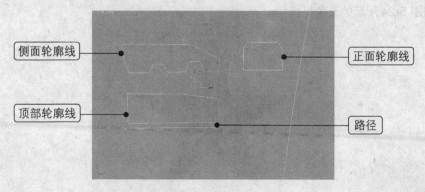

图 5-22　汽车的外形轮廓

Step 02 选择图 5-22 中的路径，在 ▓ （创建）命令面板中执行【放样】命令，单击【获取图形】按钮，拾取正面轮廓线进行放样。打开 ◢ （修改）命令面板，在【变形】卷展栏中单击【拟合】按钮，弹出设置窗口，这时会发现适配放样的设置窗口和前几个选项的设置窗口有些不同。

Step 03 单击 ▓ （均衡）按钮，取消 X 轴和 Y 轴的同步功能。单击绿色线按钮，激活 Y 轴，此时，要在 Y 轴上对汽车的侧面进行适配。单击 ▓ （获取图形）按钮，然后在视图内拾取汽车的侧面轮廓线，如图 5-23 所示。

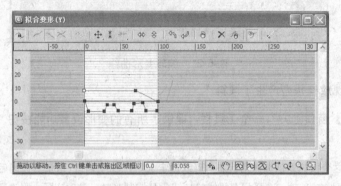

图 5-23　拾取侧面轮廓线

Step 04 单击 ▱ （显示 X 轴）按钮激活 X 轴，再单击 ▓ （获取图形）按钮，在视图内拾取汽车的顶部轮廓线，完成操作。

如果轮廓线方向出现错误，可以使用工具栏上的水平翻转和正、逆时针旋转按钮来校正，在【拟合变形】窗口内还可以对不同方向的轮廓线继续修正。例如，改变控制点的位置，视图内的模型也会随着轮廓线的修正而发生变化。

5.6　案例实训

5.6.1　五角星

本例将介绍五角星的制作方法。

1. 实例效果

创建如图 5-24 所示的五角星模型。

图 5-24　五角星效果

2. 操作过程

Step 01 运行 3ds Max 2011 软件。选择 ⬚（创建）| ⬚（图形）|【星形】工具，在【前视图】中拖动鼠标创建图形。在【参数】卷展栏中将【半径 1】设置为 90，【半径 2】设置为 34，【点】设置为 5。得到一个五角星图形，如图 5-25 所示。

Step 02 进入 ⬚（修改）命令面板，在【修改器列表】中选择【挤出】修改器，然后在【参数】卷展栏中将【数量】设置为 20，这样五角星就有了厚度，如图 5-26 所示。

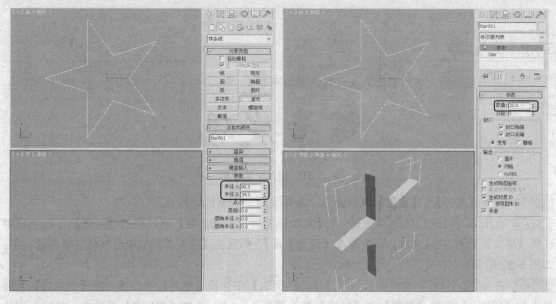

图 5-25　绘制五角星　　　　　　　　　　　图 5-26　为五角星施加【挤出】修改器

Step 03 单击工具栏中的 ⬚（选择并旋转）按钮，在【前视图】中旋转五角星，如图 5-27 所示。

Step 04 在【修改器列表】中选择【编辑网格】修改器，将当前选择集定义为【顶点】；使用鼠标在【顶视图】中拖出一个可以包含五角星底部一组顶点的虚线框，选择这些顶点，如图 5-28 所示。

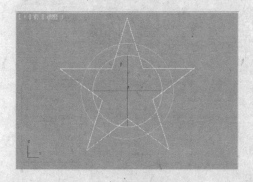
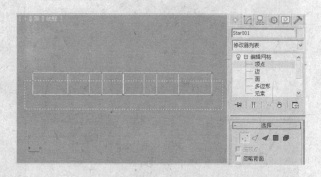

图 5-27　旋转五角星　　　　　　　　　　　　图 5-28　选择顶点

Step 05 单击工具栏中的 ⬚（选择并均匀缩放）按钮，在【前视图】中将鼠标放置在选择的顶点上，然后拖动鼠标缩放顶点，直到不能缩放为止，如图 5-29 所示。然后关闭当前选择集。

重新为五角星设置颜色，在命令面板中对象名称的右侧单击小色块，在打开的【对象颜色】对话框中选择一种颜色，如图 5-30 所示。单击【确定】按钮。

Step 06 右击【前视图】，按 F9 快捷键渲染视图。渲染完成后，将场景文件保存。

图 5-29 缩放顶点

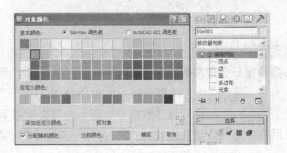

图 5-30 为五角星设置颜色

5.6.2 倒角文字

本例将介绍倒角文字的制作方法，其效果如图 5-31 所示。

探索发现

图 5-31 倒角文字效果

Step 01 选择【文件】|【重置】菜单命令，重新设置一个新的场景。

Step 02 选择 （创建）| （图形）|【文本】工具，在【参数】卷展栏的【字体】下拉列表中选择【华文新魏】，在【文本】框中输入【探索发现】，然后在【前视图】中单击鼠标左键创建文字，如图 5-32 所示。

Step 03 进入 （修改）命令面板，在【修改器列表】中选择【倒角】修改器，在【倒角值】卷展栏中将【级别 1】下的【高度】和【轮廓】值设置为 1、1.8；选中【级别 2】复选框，将它下面的【高度】值设置为 2；选中【级别 3】复选框，将它下面的【高度】和【轮廓】值设置为 1、-1.8，如图 5-33 所示。

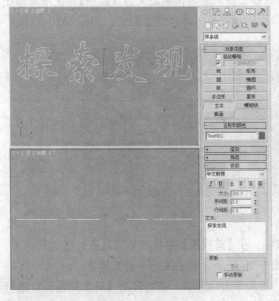

图 5-32 创建文本

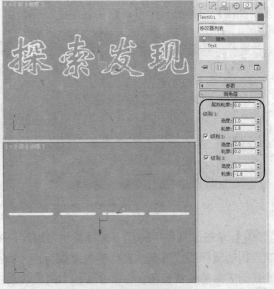

图 5-33 施加【倒角】修改器

Step 04 右击【前视图】，按 F9 键对【前视图】进行渲染，渲染完成后将场景文件保存。

5.7　本章小结

本章讲述了在 3ds Max 2011 中如何将二维形体转变为三维模型的方法。这些方法包括使用挤出、旋转、倒角和放样修改器。其中，挤出操作可以轻易地让一个平面图形立刻立体化，旋转操作经常用来创建对称性比较强的模型，倒角操作则经常用来创建立体文字效果，放样中的适配放样用来创建比较复杂的模型。

5.7.1　经验点拨

放样有 5 种变形工具，分别是缩放、扭曲、倾斜、倒角、拟合。其中，倒角和拟合变形功能强大，比较容易理解，读者只要广开思路就可以轻松制作较复杂的三维模型。

5.7.2　习题

一、选择题

1. 快速渲染的快捷键是哪一个？（　　　　）

A. F10　　　　　　　　B. F9　　　　　　　　C. F8　　　　　　　　D. F7

2. 本章中没有提到哪一种创建模型的方法？（　　　　）

A. 挤出和倒角　　　　　B. 倒角和放样　　　　C. 旋转和倒角　　　　D. 球化

二、简答题

简述制作放样对象的一般方法。

三、操作题

1. 修改 5.5.3 小节中的放样路径，查看得到的结果。

2. 利用所学知识，创建一个如图 5-34 所示的宝剑模型。（提示：创建一个椭圆样条曲线，复制出宝剑各处的截面，修改各截面参数。创建一条直线作为放样路径。）

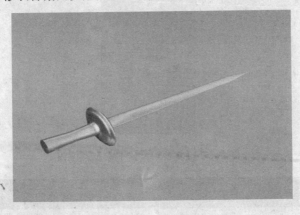

图 5-34　宝剑模型

第6章

创建复合模型

本章导读

3ds Max 2011 具有创建复合模型的功能, 创建复合模型的基础是 3ds Max 2011 的基本内置模型, 创建复合体的功能可以将多个内置模型组合在一起, 从而产生出各种各样的模型来。本章重点知识是对布尔运算进行讲解。

知识要点

- ✪ 切割平面编辑器
- ✪ 连接工具
- ✪ 散布工具
- ✪ 图形合并工具
- ✪ 布尔运算
- ✪ 创建桌子

前面讲述了基本二维形体的创建、基本三维模型的创建及二维形体到三维模型的转变, 本章中将讲述一些创建复合模型的工具, 从而创建更加复杂的、具有各种形态的模型。

这些工具主要包括【复合对象】中的【变形】、【散布】、【一致】、【连接】、【地形】、【网格化】、【水滴网格】、【放样】、【图形合并】和【布尔】共 10 种, 如图 6-1 所示 (还有一些复合模型的工具隐藏在菜单命令中, 如切割平面)。其中【放样】在前面一章中已经着重介绍, 本章将主要介绍一些常用的创建复合模型的工具。

图 6-1 【复合对象】中的工具按钮

6.1 布尔运算

所谓布尔运算, 在数学上是指两个集合之间的交、并和减运算, 在 3ds Max 2011 中则是指两个几何体之间的交、并和减运算。假设有两个几何体分别是 A 和 B, 则 A 交 B 的结果为 A 和 B 相交的几何体部分；A 并 B 的结果为 A 和 B 结合在一起形成的几何体；A 减 B 则为 A 减去与 B 相交的部分剩下的几何体。

由于布尔运算类似于传统的雕刻和组装技术，所以是许多三维动画制作人员乐于采用的一种复杂的建模方法。由布尔运算产生的物体称为布尔物体，可以对其进行修改。3ds Max 2011 提供的布尔运算包括并运算、交运算、差运算和切割运算。

下面通过一个洗手池的创建来说明布尔运算，详细步骤如下。

Step 01 在菜单栏中选择【自定义】|【单位设置】命令，打开【单位设置】对话框，选中【公制】单选按钮，并在下拉列表框中选择【毫米】选项，将单位设成毫米，如图 6-2 所示。

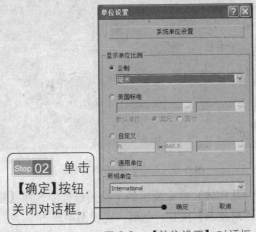

Step 02 单击【确定】按钮，关闭对话框。

图 6-2 【单位设置】对话框

Step 03 在 ✳ （创建）命令面板上单击 ○ （几何体）按钮，在下拉列表框中选择【扩展基本体】选项，在【顶视图】中创建一个切角长方体作为洗手池的台面，并设置其【长度】为 36，【宽度】为 100，【高度】为 4.21，【圆角】为 10，【圆角分段】为 3，取消选中【平滑】选项，使表面看起来坚硬一些。

Step 04 在【顶视图】中创建一个切角长方体，并设置其【长度】为 29，【宽度】为 39，【高度】为 26，【圆角】为 2，【圆角分段】为 3，取消选中【平滑】选项，并将其复制一个备份，调整位置，如图 6-3 所示。

Step 05 选择洗手池的台面。在 ○ （几何体）命令面板的下拉列表框中选择【复合对象】选项，进入复合类型命令面板。单击【布尔】按钮，出现【拾取布尔】卷展栏，如图 6-4 所示。

图 6-3 创建基本模型

图 6-4 【拾取布尔】卷展栏

Step 06 单击【拾取操作对象 B】按钮，然后在视图中单击与其相交的切角长方体。默认情况下，执行的是相减操作，即【差集（A-B）】。可以发现洗手池的台面出现了一个空洞。

Step 07 将备份的切角长方体移下来，放置到洗手池台面的空洞里，作为洗手盆。然后再次在【顶视图】中创建两个切角长方体，并设置其【长度】为 12，【宽度】为 33，【高度】为 30，【圆角】为 60，【圆角分段】为 3，取消勾选【平滑】复选框，并调整位置，如图 6-5 所示。

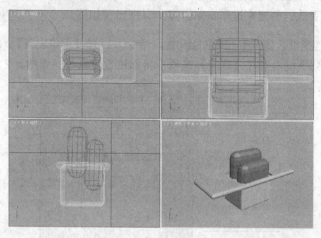

图 6-5 创建新的切角长方体

Step 08 选择洗手盆，在 ○（几何体）命令面板的下拉列表框中选择【复合对象】选项。单击【布尔】按钮，再单击【拾取操作对象 B】按钮。然后，在视图中单击刚创建的两个切角长方体。洗手池效果完成。

Step 09 使用【标准基本体】中的【圆柱体】工具在【顶视图】中创建两个小的圆柱，调整位置，将其作为自来水的开关。

Step 10 选择其中一个小圆柱，在 ○（几何体）命令面板的下拉列表框中选中【复合对象】单选按钮。单击【布尔】按钮，选中【操作】选项组中的【并集】单选按钮，如图 6-6 所示。再单击【拾取操作对象 B】按钮，然后在视图中单击刚创建的另外一个小圆柱。

图 6-6 选中【并集】单选按钮

Step 11 使用【线】工具在【左视图】中绘制水龙头的截面图，如图 6-7 所示，然后在 ◢（修改）命令面板中用【编辑样条线】修改器对其进行修改；再用【倒角】修改器转换为带有倒角的三维效果，调整其大小和位置，将其作为水龙头。

Step 12 创建一个水龙头的头。用【标准基本体】中的【球体】工具在视图中创建两个小球，调整位置，如图 6-8 所示。

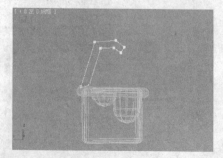

图 6-7 水龙头的截面

图 6-8 创建两个小球

Step 13 选择一个小球，单击【复合对象】中的【布尔】按钮，选中【操作】选项组中的【交集】
单选按钮。在视图中选择另一个球体，这样就产生了球体相交的模型。

Step 14 调整其位置和大小到水龙头的末端，并对水龙头和半球体进行【并集】的布尔运算，得到
如图 6-9 所示的效果。源文件参见【素材\Scene\Ch06\洗手池.max】文件。

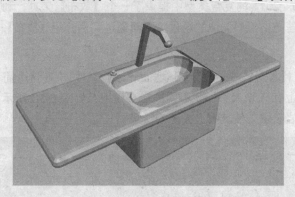

图 6-9 洗手池

6.2 切割平面编辑器

在 3ds Max 2011 中，除了使用布尔运算能将物体切割开以外，还有一个称为【切片】的编辑
器专门实现切割功能。下面通过实例介绍切割编辑器的使用，详细步骤如下。

Step 01 用【标准基本体】中的【茶壶】工具在【顶视图】中创建一个茶壶。在菜单栏上选择【修
改器】|【参数化变形器】|【切片】命令。

Step 02 打开 ![修改] （修改）命令面板，其中用于设置【切片】的选项有【优化网格】、【分割网格】、
【移除顶部】、【移除底部】，如图 6-10 所示。

Step 03 在堆栈栏中单击【切片】前面的【+】，选择次物体【切片平面】。这时，在视图上可以看
见一个黄色的线框，即【切片平面】。其作用是确定切割的位置，默认情况下位于物体的轴心位置。

Step 04 在视图内移动或旋转【切片】，但并没有发现物体有什么变化。

Step 05 按 F4 键显示出物体的边，在物体与【切片】相交的位置显示出新的边。

Step 06 在 ![修改] （修改）命令面板中选择【移除顶部】或【移除底部】选项，将茶壶的一部分清除，
如图 6-11 所示。

Step 07 在清除掉一部分后，茶壶表面会露出一个洞。在菜单栏上选择【修改器】|【网格编辑】|
【补洞】命令，将洞补上（如图 6-12 所示）。源文件参见【素材\Scene\Ch06\slice.max】文件。

图 6-10 【切片参数】选项　　　图 6-11 清除茶壶的一部分　　　图 6-12 补洞

6.3 散布工具

在三维空间中，要模拟自然界没有规律的外观（如山间的丛林、杂乱的岩石地面等）是一件非常困难的事情。3ds Max 2011 的复合类型中提供了一个【散布】工具，利用该工具提供的功能可以从某种程度上模拟一些与自然界类似的场景。下面通过实例介绍【散布】工具的使用，详细步骤如下。

Step 01 打开场景文件（【素材\Scene\Ch06\地面.max】文件）。在这个简单的场景中，有一个凹凸不平的地面模型，其上有 3 块大小形状不同的岩石模型，如图 6-13 所示。这里主要是使地面上无序地布满大小不同的岩石块，使其看上去无规律可循。

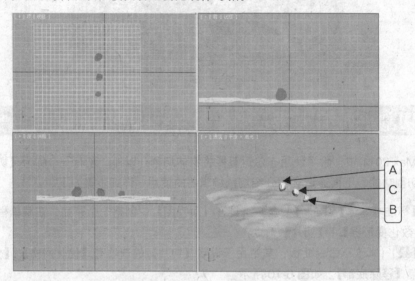

图 6-13 预备场景

Step 02 按 H 键打开【从场景选择】对话框，选择岩石 A。

Step 03 选择【复合对象】中的【散布】工具，在出现的【拾取分布对象】卷展栏中单击【拾取分布对象】按钮，然后在视图内拾取地面模型。

在这个场景中，分别用 A、B、C 代表 3 块大小不同的岩石块模型。现在，岩石 A 与地面已经结合为一个复合模型，其中岩石 A 称为源模型，地面称为分布模型。因为在【拾取分布对象】卷展栏中默认地选择了【实例】选项，所以原来的地面模型被复制了一份，并与现在的复合模型重叠在一起。下面将原始的地面模型隐藏起来。

Step 04 按 H 键打开【从场景选择】对话框，选择 Ground，在当前视图内右击，从弹出的快捷菜单中选择【隐藏选定对象】命令，将原始的地面隐藏起来。

Step 05 按 H 键打开【从场景选择】对话框，选择 A（A 已经是一个由地面和原来的岩石 A 组成的复合模型）。

Step 06 打开 ✎ （修改）命令面板的【散布对象】卷展栏，在【源对象参数】选项组中修改【重复数】的值为 12，这样就在地表面复制出 12 个岩石 A。

Step 07 下面改变一下岩石的分布。

在【分布对象参数】选项组内提供了 9 种不同的分布方式，如图 6-14 所示。

- **区域**：按区域面积进行分布，不受总体面数的影响。
- **偶校验**：依据分布复制物体的数量划分分布的面数。
- **跳过 N 个**：通过定义 N 的数值，按照 N 距离分布复制物体。
- **随机面**：随机在物体表面的位置分布复制物体。
- **沿边**：沿着边进行分布复制。
- **所有顶点**：沿着所有的顶点进行分布复制，复制数量的值将无效。
- **所有边的中点**：沿着所有边的中心点分布复制物体。
- **所有面的中心**：沿着所有面的中心分布复制物体。
- **体积**：按照分布对象的体积进行分布复制。

这里，选中【随机面】单选按钮，随机地在地面上分布复制的岩石 A，如图 6-15 所示。

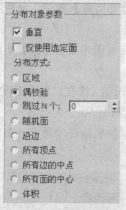

图 6-14 【分布对象参数】选项组中的分布方式　　　图 6-15 随机分布复制的岩石 A

Step 08 可以发现，所有的岩石都位于地面之上。可以在 ▨（修改）命令面板的【变换】卷展栏中改变分布物体的位置。

这里一共提供了 4 个选项组，各选项组的功能如下。

- **【旋转】选项组**：改变源物体的旋转角度。
- **【局部平移】选项组**：改变源物体的自身坐标位置。
- **【在面上平移】选项组**：改变源物体的分布位置。
- **【比例】选项组**：改变源物体的百分比缩放大小。

> **注 意**
>
> 在【变换】卷展栏中，每一个选项组的最下面都有一个【使用最大范围】选项，选中该选项以后，将会锁定 X、Y、Z 轴向数值的比例。

此时，岩石都会按照自身的 Z 轴偏移 200 个单位，因为岩石所处的方向和位置不同，所以偏移的方向也不一样，这正满足了大家的需要，如图 6-16 所示。

Step 09 在【局部平移】选项组中，增加 Z 轴的值到 200。

Step 10 展开【显示】卷展栏，选择【隐藏分布对象】选项，这样可以将当前 A 的地面隐藏起来，只剩下分布不均的岩石块。

图 6-16　设置源物体的偏移位置

下面对岩石 B 执行与岩石 A 相同的操作。

Step 11 在视图内右击，从弹出的快捷菜单中选择【按名称取消隐藏】命令，弹出【取消隐藏对象】对话框，选择 Ground，将其显示出来。

Step 12 按 H 键打开【从场景选择】对话框，选择岩石 B。

Step 13 单击【复合对象】中的【散布】按钮，再单击【拾取分布对象】按钮，然后在视图内拾取地面模型。

Step 14 按 H 键打开【从场景选择】对话框，选择 Ground，在视图内右击，从弹出的快捷菜单中选择【隐藏选定对象】命令，将原始的地面模型隐藏起来。

Step 15 按 H 键打开【从场景选择】对话框，选择岩石 B，打开 ✍（修改）命令面板，在【源对象参数】选项组中修改【重复数】的值为 50，这样就在地表面复制出 50 个岩石 B。

Step 16 在【分布对象参数】选项组选中【随机面】单选按钮，随机地在地面上分布复制岩石 B，如图 6-17 所示。

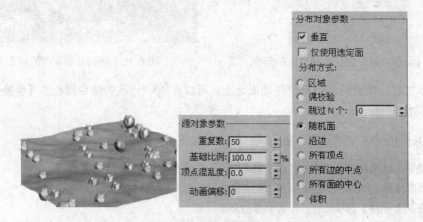

图 6-17　分布复制的岩石 B

Step 17 展开【显示】卷展栏，选择【隐藏分布对象】选项，将当前岩石 B 的地面模型隐藏起来。最后，对岩石 C 执行【散布】命令。

Step 18 在视图内右击，从弹出的快捷菜单中选择【按名称取消隐藏】命令，弹出【取消隐藏对象】对话框，选择 Ground，将其显示出来。

Step 19 按 H 键打开【从场景选择】对话框，选择岩石 C。单击【复合对象】中的【散布】按钮，再单击【拾取分布对象】按钮，拾取地面。打开 ✍（修改）命令面板，在【源对象参数】选项组中修改【重复数】的值为 100，这样就在地表面复制出 100 个岩石 C。

Step 20 在【分布对象参数】选项组中选中【随机面】单选按钮，随机地在地面上分布复制岩石 C。

Step 21 展开【显示】卷展栏，选择【隐藏分布对象】选项，将当前岩石 C 的地面模型隐藏起来。

此时，所有的工作都已经完成了，最终结果如图 6-18 所示。如果计算机的运行速度较慢，可以适当减少岩石的复制数量。

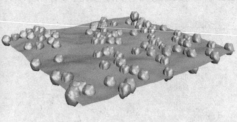

图 6-18　最终结果

> **提 示**
>
> 　　在完成所有的工作后，确认最终场景中的 A、B、C、Ground 模型没有进行任何合并，仍然是 4 个单独的模型，这样可以给不同的岩石和地面分别指定材质。

6.4　连接工具

在使用多边形建模时，为了方便，有时会将一个模型分为若干部分分别进行制作。例如，先将一个人物的身体和胳膊分别制作好，再合并为一个整体，但合并后的模型往往会留下很明显的接缝。3ds Max 2011 中【复合对象】面板上提供的【连接】工具则可以使两个单独的模型无缝地合并为一个整体。下面通过将一个圆柱体和一个球体合并的实例来讲解无缝连接的过程，详细步骤如下。

Step 01 首先重置场景，在【顶视图】中创建一个【球体】作为身体，在【前视图】创建一个【圆柱】作为胳膊，然后将其放置在相应的位置，如图 6-19 所示。

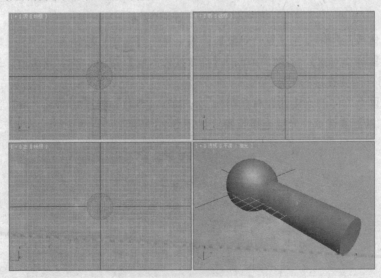

图 6-19　预备场景

Step 02 选择圆柱体，在菜单栏上选择【修改器】|【网格编辑】|【编辑网格】命令。
Step 03 在堆栈栏中展开【编辑网格】的次物体，选择【多边形】选项，如图 6-20 所示。

Step 04 在【透视图】中选择圆柱体将要与球体连接的那个面，按 Delete 键，将这个面删除。3ds Max 2011 在连接两个物体的时候，会自动判断两个物体的连接位置，该位置必须是物体上没有面的位置，所以此处要将连接处的面删除，如图 6-21 所示。

图 6-20　编辑网格

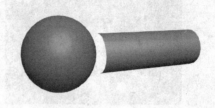

图 6-21　删除连接处的面

Step 05 选择球体，在菜单栏上选择【修改器】|【网格编辑】|【编辑网格】命令。

Step 06 在堆栈栏中展开【编辑网格】的次物体，选择【多边形】选项。

Step 07 在【透视图】中选择球体上将要与圆柱体连接的那些面，在选择过程中可以配合 Ctrl 键和 Alt 键进行多次加选和减选操作，确定后按 Delete 键将其删除，如图 6-22 所示。

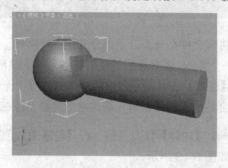

图 6-22　删除球体连接处的面

Step 08 选择球体或圆柱体，在【复合对象】面板上单击【连接】按钮。

Step 09 在【拾取操作对象】卷展栏中单击【拾取操作对象】按钮，选中【移动】单选按钮，然后在视图内拾取另一个要连接的物体。

Step 10 此时，两个物体的连接处还有些粗糙，可以在【参数】卷展栏的【平滑】选项组中分别选中【桥】和【末端】复选框，光滑连接位置，如图 6-23 所示。

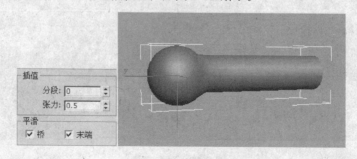

图 6-23　无缝连接

Step 11 在【插值】选项组中修改【分段】的值为 5，可以增加连接位置的段数。然后，【张力】的值可以使连接位置的形状产生膨胀或收缩。源文件参见【素材\Scene\Ch06\杠铃.max】文件。

6.5 图形合并工具

在【复合对象】面板上提供了一种【图形合并】工具，利用该工具可以将任意多个样条物体映射到多边形物体表面。例如，将文字映射到多边形物体表面，然后可以沿着文字的形状对多边形进行镂空等操作，具体的使用方法如下。

Step 01 创建一个【茶壶】，再创建一个比茶壶的外轮廓小的文字模型，并将文字模型对准茶壶，如图 6-24 所示。

图 6-24　预备场景

Step 02 选择茶壶，在【复合对象】面板上单击【图形合并】按钮。

Step 03 在出现的【拾取操作对象】卷展栏中单击【拾取图形】按钮，然后在视图内拾取文字模型。

Step 04 激活【透视图】，按 F4 键可以看到茶壶表面线段的分布变化。

Step 05 在【拾取操作对象】卷展栏的【操作】选项组中选中【合并】单选按钮，如图 6-25 所示。如果选中【饼切】单选按钮，文本"茶"的位置处将会出现空洞现象。

图 6-25　合并样条

Step 06 为了观看效果，可以把文字变成立体效果。打开 （修改）命令面板，在【拾取操作对象】卷展栏中的【操作对象】选项组中选择 Text001。在【修改器列表】列表中选择【网格选择】修改器，将当前选择集定义为【多边形】，此时，视图中的文字变成红色。

Step 07 在 （修改）命令面板的【修改器列表】列表中选中【面挤出】编辑器，在【参数】卷展栏中设置其【数量】值为 2，如图 6-26 所示。此时，文字从茶壶的表面凸出。

图 6-26　参数设置

6.6 案例实训——桌子

本例将使用【长方体】工具和【扩展基本体】工具来创建一个桌子。并使用【ProBoolean】工具制作出桌面的镂空效果。

6.6.1 实例效果

完成后的效果如图 6-27 所示。

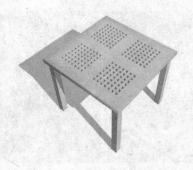

图 6-27 桌子效果

6.6.2 操作过程

Step 01 选择 ✦（创建）|　◯（几何体）|【标准基本体】|【长方体】工具，在【顶视图】中创建一个长方体，并将【长度】和【宽度】分别设置为 18，【高度】设置为 200，如图 6-28 所示。

Step 02 确定新创建的长方体处于选择状态，选择工具栏中的 ✛（选择并移动）工具，按住 Shift键，将长方体沿 X 轴向右移动，确定位置后松开鼠标左键，在弹出的对话框中选择【复制】单选按钮，单击【确定】按钮，如图 6-29 所示。

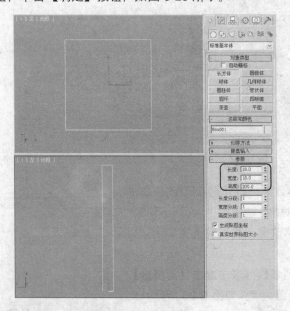

图 6-28 创建长方体

图 6-29 复制长方体

Step **03** 同时选中【顶视图】中的两个长方体，选择工具栏中的 ✛（选择并移动）工具，按住 Shift 键，将长方体沿 Y 轴向上移动，确定位置后松开鼠标左键，在弹出的对话框中选择【复制】单选按钮，单击【确定】按钮，如图 6-30 所示。

Step **04** 选择 ✳（创建）| ◯（几何体）|【长方体】工具，在【顶视图】中继续创建长方体，并将【长度】设置为 8，【宽度】设置为 210，【高度】设置为 15.5，如图 6-31 所示。

图 6-30 复制长方体

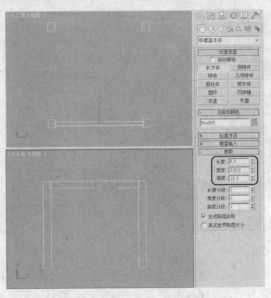

图 6-31 创建长方体

Step **05** 选择新创建的长方体，在工具栏中选择 ↻（选择并旋转）工具，按住 Shift 键在【顶视图】中旋转长方体，并在弹出的对话框中选择【复制】单选按钮，单击【确定】按钮，如图 6-32 所示。

Step **06** 调整新复制的长方体的位置，并使用 Step **02** 和 Step **03** 中的方法复制长方体，如图 6-33 所示。

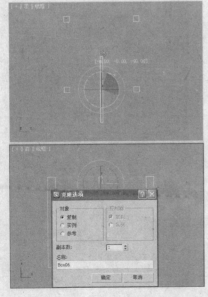

图 6-32 旋转复制长方体

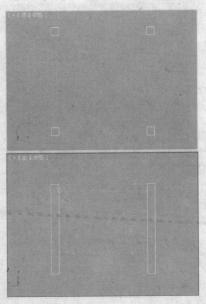

图 6-33 复制长方体

Step 07 选择 ✷（创建）| ○（几何体）|【扩展基本体】|【切角长方体】工具，在【顶视图】中创建切角长方体，并将【长度】和【宽度】分别设置为260，【高度】设置为13，【圆角】设置为2，如图 6-34 所示。

Step 08 选择 ✷（创建）| ○（几何体）|【标准基本体】|【长方体】工具，在【顶视图】中创建长方体，将【长度】和【宽度】分别设置为7，【高度】设置为30，如图 6-35 所示。

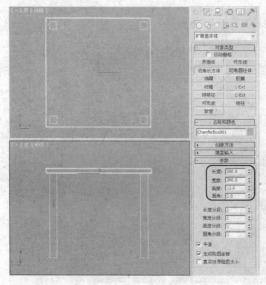
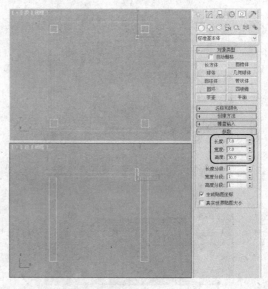

图 6-34　创建切角长方体　　　　　　　　图 6-35　创建长方体

Step 09 选择新创建的长方体，在菜单栏中选择【工具】|【阵列】命令，在弹出的【阵列】对话框中单击【预览】按钮，并参照如图 6-36 所示设置参数。

Step 10 选择如图 6-37 所示的长方体，在菜单栏中选择【工具】|【阵列】命令，在弹出的【阵列】对话框中单击【预览】按钮，并参照如图 6-38 所示设置参数。

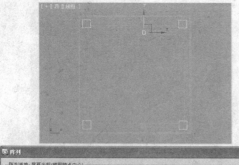
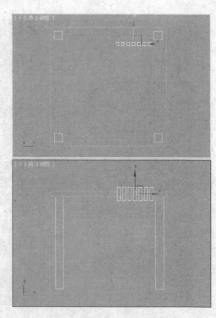
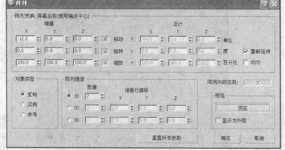

图 6-36　设置参数　　　　　　　　　　　图 6-37　选择长方体

Step 11 选择如图 6-38 所示的长方体，单击鼠标右键，在弹出的快捷菜单中选择【转换为】|【转换为可编辑多边形】命令，如图 6-39 所示。

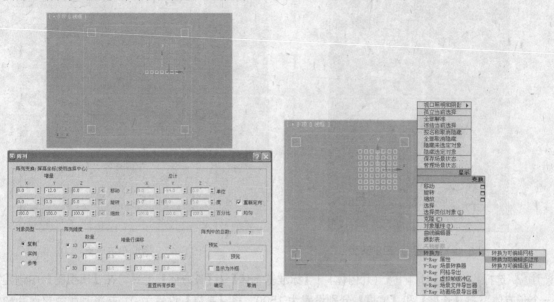

图 6-38 阵列所选的长方体　　　　　　　　图 6-39 将选择对象转换为可编辑多边形

Step 12 选择如图 6-40 所示的长方体，切换到修改命令面板，将当前选择集定义为【边】，选择【编辑几何体】卷展栏下【附加】按钮后的□按钮，在弹出的对话框中选择阵列后的所有长方体。完成后的效果如图 6-41 所示。

 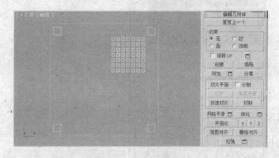

图 6-40 选择长方体　　　　　　　　图 6-41 附加所选对象

Step 13 选择附加后的对象，将对象进行复制，复制方法同上。复制完成后的效果如图 6-42 所示。

Step 14 选择【ChamferBox001】对象，选择 ✳ （创建）| ◯ （几何体）|【复合对象】|【ProBoolean】工具，在【参数】卷展栏中选择【运算】选项组下的【差集】单选按钮，单击【拾取布尔对象】卷展栏中的【开始拾取】按钮，在【顶视图】中依次拾取复制后的对象，如图 6-43 所示。

Step 16 选择组成桌子的所有对象，按 M 键打开【材质编辑器】，选择一个新的材质样本球。在【明暗器基本参数】卷展栏中，将明暗器类型定义为【Blinn】；在【Blinn 基本参数】卷展栏中，将【自发光】选项组下的【颜色】设置为 35。在【贴图】卷展栏中，单击【漫反射颜色】右侧的【None】按钮，在打开的对话框中选择【位图】贴图，单击【确定】按钮。再在打开的对话框中选择【素材 \map\009.jpg】文件，单击【打开】按钮。

Step 16 单击 ⬛ （转到父对象）按钮和 ⬛ （将材质指定给选定对象）按钮，如图 6-44 所示。

图 6-42　复制附加后的对象

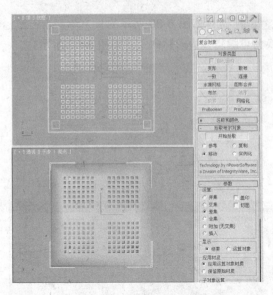

图 6-43　拾取布尔对象

Step 17 选择 （创建）| （几何体）|【标准基本体】|【长方体】工具，在【顶视图】中创建一个长方体，将【长度】和【宽度】分别设置为 1500，将【高度】设置为 0，并将其颜色更改为白色，如图 6-45 所示。

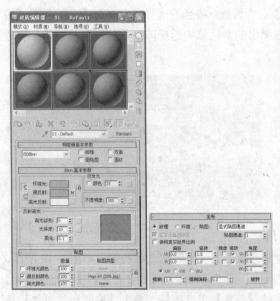

图 6-44　设置材质

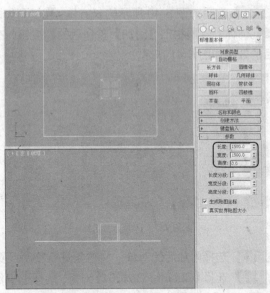

图 6-45　创建长方体

Step 18 选择 （创建）| （摄影机）|【目标】摄影机工具，在【顶视图】中创建一架摄影机，激活【透视图】，按 C 键，将其转换为【Camera001】视图，并在场景中调整摄影机的位置，如图 6-46 所示。

Step 19 选择 （创建）| （灯光）|【目标聚光灯】工具，在【顶视图】中创建一盏目标聚光灯，在【常规参数】卷展栏中勾选【阴影】选项组下的【启用】复选框，并将阴影模式定义为【光线跟踪阴影】。在【强度/颜色/衰减】卷展栏中将【倍增】设置为 0.9，在【聚光灯参数】卷展栏中将【聚光区/光束】和【衰减区/区域】设置为 86 和 88，如图 6-47 所示。

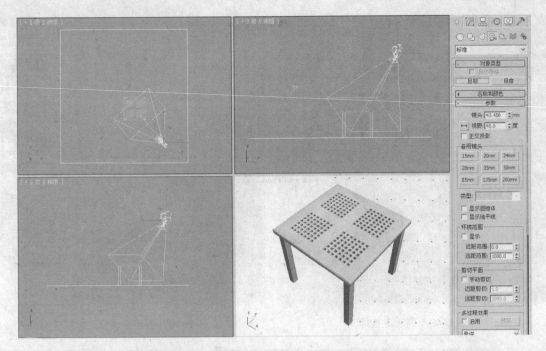

图 6-46　创建摄影机

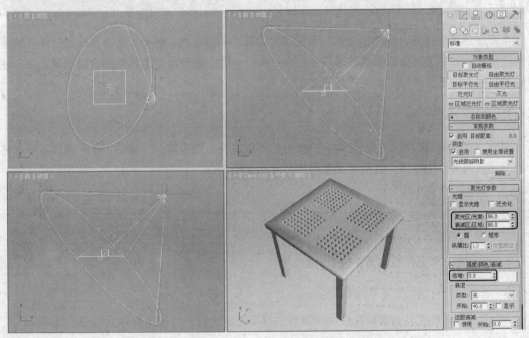

图 6-47　创建目标聚光灯

Step 20　选择 （创建）｜（灯光）｜【泛光灯】工具，在【前视图】中创建泛光灯，在【强度/颜色/衰减】卷展栏中将【倍增】设置为 0.6，并调整泛光灯位置，如图 6-48 所示。

Step 21　继续在【前视图】中创建泛光灯，在【强度/颜色/衰减】卷展栏中将【倍增】设置为 0.5，并调整泛光灯位置，如图 6-49 所示。

Step 22　渲染【Camera001】视图，渲染完成后将场景文件保存。

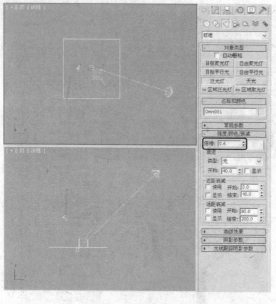

图 6-48　创建泛光灯

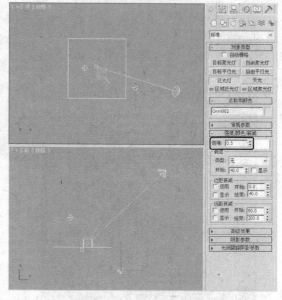

图 6-49　创建并调整泛光灯

6.7　本章小结

本章讲述了创建复合模型的工具，包括布尔运算、平面切割、散布、连接和图形合并，并通过实例演示了用散布工具模拟自然界场景的过程。其中，每个复合模型工具都结合实例来介绍，让读者轻松掌握各种复合模型工具的使用方法。

6.7.1　经验点拨

第一，在进行布尔运算时，复制后的模型是不能进行布尔运算的。第二，变形编辑器可以将一个模型演变为另一个模型，但两个模型必须具有相同的顶点。

6.7.2　习题

一、选择题

1. 下面哪一种工具在本章中没有详细讲述？（　　　）

A. 变形 　　　　　　B. 地形 　　　　　　C. 图形合并 　　　　　　D. 散布

2. 下面哪一种工具通常用来使两个单独的模型无缝地合并为一个整体？（　　　）

A. U 结合 　　　　　B. 图形合并 　　　　C. 地形 　　　　　　　D. 连接

二、简答题

1. 3ds Max 2011 中的布尔运算包括哪几种？
2. 图形合并的建模方法是什么？

三、操作题

利用所学到的知识创建一个如图 6-50 所示的哑铃模型。

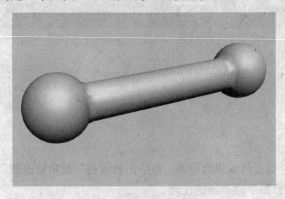

图 6-50　哑铃模型

第 **7** 章

模型变形

本章导读

3ds Max 2011 中有很多种编辑修改器，如挤出修改器、倒角修改器、车削修改器等多种修改器，本章从开始就来介绍了修改器的使用。

知识要点

- ✪ 修改器的使用
- ✪ 弯曲变形
- ✪ 挤压变形
- ✪ 涟漪变形

- ✪ 变换变形
- ✪ 自由变形长方体
- ✪ 制作服务台

7.1 使用修改器

在 3ds Max 2011 中，修改器的布局很合理，使用起来非常方便。一般在默认的情况下不显示修改器的命令按钮，而是用修改器选择列表来代替，这样可以有效地节省工作界面的空间，同时可以在列表中选择不同类型的修改器。

每使用一次修改器的过程可以理解为增加了一次【历史记录】，在堆栈栏内会将这个【历史记录】记录下来形成堆栈。这里将详细分析一下堆栈栏，如图 7-1 所示。

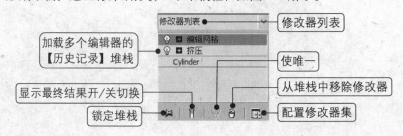

加载多个编辑器的
【历史记录】堆栈

修改器列表

使唯一

显示最终结果开/关切换

从堆栈中移除修改器

锁定堆栈

配置修改器集

图 7-1 堆栈栏

3ds Max 2011 允许随时访问堆栈栏内的任意一个堆栈项目，并修改其数值，也可以上、下拖动改变项目在堆栈栏内的位置，而且这会影响到最终的修改结果。在堆栈栏中的最下方通常是模型的最原始选项，其位置一般不能变更。

1．自定义堆栈名称

3ds Max 2011 允许对任意一个堆栈项目自定义名称。方法是选择堆栈项目名称（修改器名称），右击，在弹出的快捷菜单中选择【重命名】命令，即可对堆栈项目重新命名。

2．删除堆栈项目

如果想删除不需要的堆栈项目（修改器），只要选中修改器的名称，然后在堆栈栏下方单击 按钮，从堆栈中删除修改器即可。

3．关闭修改器

在每一个堆栈名称的前面有一个灯泡，单击这个灯泡，灯泡会变为灰色，表明当前的修改器已经失去作用，再次单击可以恢复。

4．显示最终结果

在堆栈栏下方激活 （显示最终结果开/关切换）按钮后，可以在视图内显示出所有修改器的影响结果。例如，当给样条执行了【编辑样条线】和【拉伸】两个命令后，在堆栈栏选择【编辑样条线】选项，然后激活【显示最终结果开/关切换】按钮，这时就能在显示出最终修改结果的状态下编辑样条。

5．锁定堆栈栏

在堆栈栏下方激活 （锁定堆栈）按钮，锁定当前模型的堆栈栏。这时，即使在视图内选择了其他模型，也能够继续在堆栈栏中对原来的模型进行编辑。

6．在堆栈栏设置修改器

在堆栈栏下方单击 （配置修改器集）按钮，弹出子选项，部分选项的功能如下。

- **显示列表中的所有集**：默认情况下，【编辑集列表】列表框中的修改器列表是按照字母顺序排列的。选中【显示列表中的所有集】选项，修改器会按照类型进行排列。
- **显示按钮**：选中该选项后，允许在命令面板中显示出部分修改器的快捷按钮。
- **配置修改器集**：选择该选项后，会弹出一个设置窗口，从中可以自定义修改器按钮的排列与显示。方法是在【按钮总数】文本框中输入按钮的数量，然后从修改器列表中将修改器拖动到【修改器】选项组未命名的按钮上，将不需要的修改器拖动到外面，如图 7-2 所示。

利用修改器进行模型变形的一般过程如下。

Step 01 创建原始模型，设置适当的参数。注意一些模型的【高度分段】、【宽度分段】等参数是很多修改器进行变形的关键。

Step 02 从菜单或者修改器列表中选择一种修改器。

Step 03 在 （修改）命令面板中的参数卷展栏中设置各项参数，或者在视图中调整各个控制点。

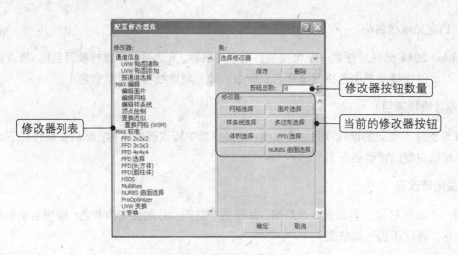

图 7-2 设置修改器按钮

Step 04 在堆栈栏中选择次物体，如图 7-3 所示中的【Gizmo】或【中心】，进一步调整模型。

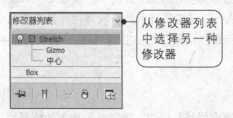

图 7-3 选择另一种修改器

7.2 弯曲变形

弯曲是最常见的一种变形效果，在 3ds Max 2011 中专门提供了一个【弯曲】修改器。【变曲】
修改器不仅可以使物体弯曲变形，还可以制作动画，具体方法如下。

Step 01 用【圆柱体】工具在【透视图】中创建一个圆柱体，在【参数】卷展栏中设置各个参数，
如图 7-4 所示。

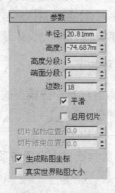

图 7-4 圆柱体的参数设置

Step 02 选择圆柱体，从修改器列表中选择【弯曲】修改器，或者在菜单栏上选择【修改器】|【参
数化变形器】|【弯曲】命令，打开 / （修改）命令面板进行设置，如图 7-5 所示。

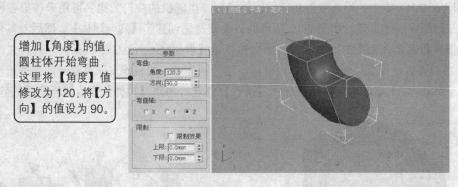

增加【角度】的值，圆柱体开始弯曲，这里将【角度】值修改为120，将【方向】的值设为90。

图 7-5　弯曲的参数设置

注　意

如果创建的物体段数太少，将不会看到弯曲效果。

Step 03 在堆栈栏中选择【Gizmo】次物体，如图 7-6 所示。
Step 04 选择工具栏中的 ✥（选择并移动）工具，在视图中调整线框，如图 7-7 所示。

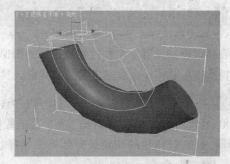

图 7-6　选择【Gizmo】次物体　　　　　　　　　　图 7-7　调整线框

　　如果希望改变弯曲的轴心，可以在堆栈栏选择弯曲的次物体【中心】，此时，可以在视图内改变弯曲的轴心位置。

　　对物体执行弯曲命令后，在 ⬚（修改）命令面板的【限制】选项组选择【限定效果】选项。通过调整【上限】和【下限】的值，可以限定弯曲的范围。默认情况下，约束的起始点处于模型的轴心位置。

　　下面列举一些模型变形的效果。

　　锥化变形效果常常被用在卡通效果的制作中，如制作卡通风格的人物，如图 7-8 所示。

　　扭曲是一种比较特殊的变形效果，如图 7-9 所示。

图 7-8　卡通风格的人物　　　　　　　　　　图 7-9　扭曲后得到的冰激凌

3ds Max 2011 提供的噪波变形功能可以使模型产生随机的变形效果，可用来模拟各种不规则的石头、凹凸不平的地面等。如图 7-10 所示的石头就是先创建了【几何球体】，然后对其使用【噪波】修改器，最后加入贴图的石头模型。源文件参见【素材\Scene\Ch07\石头.max】文件。

拉伸功能可以使模型拉长或缩短，也可用于动画制作中，如制作皮球弹跳时产生的压扁、鼓起动画效果。如图 7-11 所示的茶壶就是先用【茶壶】创建，再用【拉伸】修改器修改后的效果。

图 7-10 使用【噪波】修改器后的变形效果   图 7-11 修改后的效果

7.3 挤压变形

在修改器中，有一个和拉伸效果极为相似的修改器，即【挤压】修改器。下面利用【挤压】修改器特殊作用制作一个食堂中常见的托盘，具体步骤如下。

Step 01 在【顶视图】中创建一个【切角长方体】，设置【长度】为 1500，【宽度】为 1000，【高度】为 500，【圆角】为 60，并将长、宽、高的段数设到 10 以上。

Step 02 确定新创建的切角长方体处于选择状态，在菜单栏中，选择【修改器】|【参数化变形器】|【挤压】命令。

Step 03 打开 ☑ (修改) 命令面板，在【参数】卷展栏中，将【轴向凸出】选项组中的【数量】设置为 -1，【曲线】的值为 100，模型将产生严重向下凹陷的效果。

Step 04 在【径向挤压】选项组中，设置【数量】的值为 -0.1，【曲线】的值为 1，使模型边缘产生向内收缩的效果。

Step 05 在【效果平衡】选项组中，设置【偏移】的值为 -0.1，【体积】的值为 45，调节最后的形状。完成的模型效果如图 7-12 所示。

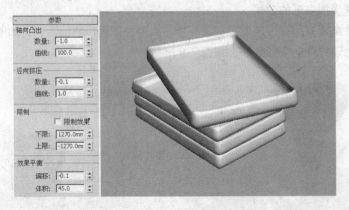

图 7-12 使用【挤压】修改器制作的托盘

源文件参见【素材\Scene\Ch07\托盘.max】文件。

7.4 涟漪变形

当物体滑落到水中的时候，会在水面激起一瞬间的涟漪，如图 7-13 所示。3ds Max 2011 专门提供了一个【涟漪】修改器来制作这种变形效果的动画。

图 7-13　涟漪

下面应用【涟漪】修改器来模拟一段涟漪动画，具体步骤如下。

Step 01　重置场景。使用【平面】工具在【顶视图】中创建一个平面，将【长度】和【宽度】设置为 5000，【长度分段】和【宽度分段】设为 50，【密度】设为 3。

Step 02　在菜单栏上选择【修改器】|【参数化变形器】|【涟漪】命令，可以看到涟漪效果，但是并没有动画。

Step 03　按 N 键激活动画记录状态。

Step 04　确定位于第 0 帧，打开　（修改）命令面板，在【参数】卷展栏中将【涟漪】选项组下的【振幅 1】、【振幅 2】的值都设为 0，【波长】设置为 635。暂时看不到任何涟漪效果。

Step 05　将滑块滑到第 30 帧，在【参数】卷展栏中将【涟漪】选项组下的【振幅 1】、【振幅 2】的值都设为 50。在第 30 帧产生涟漪效果。

Step 06　回到第 15 帧，在【参数】卷展栏中将【涟漪】选项组下的【振幅 1】、【振幅 2】的值都设为 0。

Step 07　播放动画，涟漪突然出现，显得很不自然。实际上，涟漪应该是慢慢地散开，逐渐产生水波纹。

Step 08　将滑块滑到第 30 帧，在【参数】卷展栏中将【涟漪】选项组下【衰退】的值设为 0.01。这样当水珠在第 30 帧时，只会溅起极少量的涟漪，如图 7-14 所示。

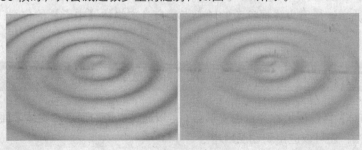

图 7-14　衰减涟漪

Step 09 将滑块滑到第 90 帧，在【参数】卷展栏中将【涟漪】选项组下【衰退】的值设为 0。这样
涟漪的水波纹从第 30 帧到第 90 帧会逐渐增加，产生涟漪逐渐散开的效果。

Step 10 将滑块滑到第 90 帧，将【振幅 1】、【振幅 2】的值都设为 0。这样，涟漪到第 90 帧之前
将产生慢慢消失的效果。

Step 11 在第 90 帧，将【涟漪】选项组下【相位】的值设为-1。

Step 12 播放动画。在 15 帧之前，水面没有任何变化，从 30 帧左右开始，水面慢慢泛起涟漪，到
第 90 帧之前，涟漪慢慢明显。源文件参见【素材\Scene\Ch07\涟漪.max】文件。

7.5　变换变形

变换变形是一个比较特殊的修改器，虽然没有任何参数，但是在 3ds Max 2011 的动画制作中
却发挥着重大的作用。

下面使用【变换】制作一个压扁的轮胎效果，以理解【变换】的作用。需要说明的是，除【变
换】以外，其他工具不可能有这种效果。具体步骤如下。

Step 01 重置场景。在【前视图】创建一个【圆环】作为轮胎。使用 🔲（选择并均匀缩放）工具，
调整图形形状。

Step 02 尝试旋转圆环。这时会发现，因为圆环经过非等比例缩放，在旋转的时候会出现颠倒现象，
如图 7-15 所示。

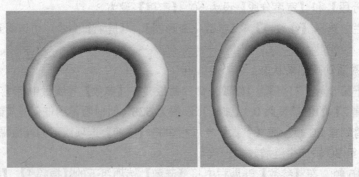

图 7-15　被压扁的圆环在向前滚动时出现了问题

Step 03 在菜单栏中选择【修改器】|【参数化变形器】|【变换】命令。

Step 04 按 N 键激活动画记录状态，前进时间到第 90 帧。

Step 05 在修改面板中选择【变换】的次物体【Gizmo】。

Step 06 在视图内将线框向前移动一定距离，并将其旋转，圆环也会随着向前移动并旋转，而且像
是一个压扁的轮胎。这是因为线框参考的轴心点是自身次物体【中心】的位置，而不是圆环的轴
心点。

7.6　FFD 长方体

【FFD 长方体】修改器也称为自由变形器，可以通过少量的顶点对物体表面进行整体的控制。
操作更加灵活自由，还可以应用到动画当中。

下面应用【FFD 长方体】制作一个鞍座模型，具体操作如下。

Step 01 重置场景，在【顶视图】中创建一个【球体】。然后，在菜单栏中选择【修改器】|【自由形式变形器】|【FFD 长方体】命令。

Step 02 在堆栈栏内选择次物体【控制点】。

Step 03 在【左视图】和【前视图】内调整控制点的位置，得到鞍座的效果，如图 7-16 所示。源文件参见【素材\Scene\Ch07\鞍.max】文件。

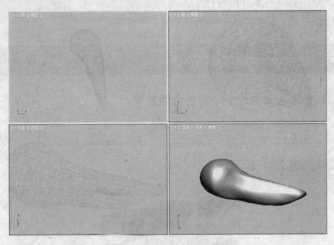

图 7-16 制作鞍座模型

7.6.1 【FFD 长方体】的次物体

【FFD 长方体】的次物体共有 3 种类型，具体作用如下。

- **控制点**：这是最基本的次物体，通过改变控制点的位置可以改变物体的形状。
- **晶格**：整体调节（自由变形器）结构线框的位置。
- **设置体积**：当选择了【设置体积】后，可以像选择【控制点】一样对自由变形长方体上的控制点进行调节，但不能对模型产生影响。这么做的好处是，可以调节自由变形长方体的形状，使之尽可能地与模型的形状相适应。

7.6.2 【FFD 长方体】的参数

【FFD 长方体】的参数面板提供了许多选项，如图 7-17 所示。

图 7-17 【FFD 长方体】的参数

其中一些常用选项的功能如下。

- **设置点数**：设置控制点的数量。更多的控制点将带来更精确的操作，但同时也会加重操作上的负担。注意，当更改了 FFD Box 的控制点数量后，之前对 FFD Box 进行的任何操作都将被恢复到初始状态。

- **全部 X、全部 Y、全部 Z**：可以在选择控制点时一次选择整个轴向上的所有控制点。

- **重置**：使所有的控制点恢复到初始状态。

- **与图形一致**：将自由变形长方体的形状与模型自动匹配。

7.7 案例实训——服务台

本例通过【挤出】修改器来制作一个服务台的效果。

7.7.1 实例效果

制作的服务台效果如图 7-18 所示。

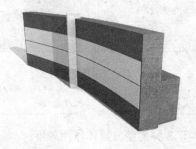

图 7-18 服务台

7.7.2 操作过程

本例将应用【挤出】修改器制作一个服务台的效果，具体步骤如下。

Step 01 选择 ☀（创建）| ☉（图形）|【线】工具，在【顶视图】中绘制一条封闭的样条线，将其命名为"服务台"，如图 7-19 所示。

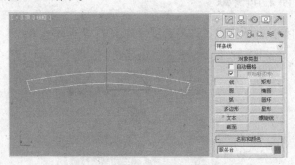

图 7-19 绘制服务台

Step 02 切换至 ☑（修改）命令面板中，在修改器列表中选择【挤出】修改器，在【参数】卷展栏中将【数量】设置为 35.433，如图 7-20 所示。

Step 03 在修改器列表中选择【UVW 贴图】命令，在【参数】卷展栏中将贴图方式定义为【长方体】，将【长度】、【宽度】和【高度】值分别设置为 26、50、50，如图 7-21 所示。

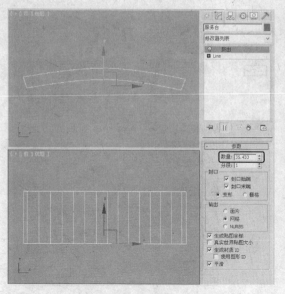

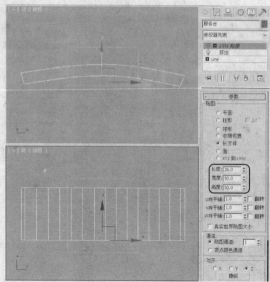

图 7-20 施加【挤出】修改器   图 7-21 施加 UVW 贴图修改器

Step 04 用同样方法绘制一条封闭的样条线作为"桌面"对象，然后为其施加【挤出】修改器，设置挤出【数量】为 1，如图 7-22 所示。

Step 05 选择 （创建）| （图形）|【线】工具，在【顶视图】中绘制一条封闭的样条线，将其命名为"前装饰 01"，如图 7-23 所示。

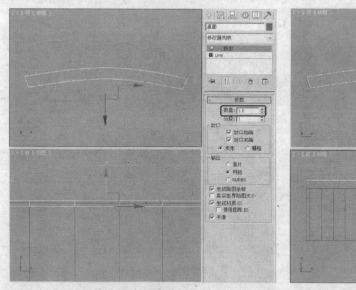

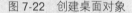

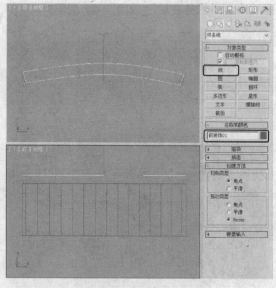

图 7-22 创建桌面对象   图 7-23 绘制前装饰

Step 06 切换至 （修改）命令面板中，在修改器列表中选择【挤出】修改器，在【参数】卷展栏中将【数量】设置为 8.661，如图 7-24 所示。

Step 07 确认"前装饰 01"对象处于选中的状态下，使用 （选择并移动）工具，并配合键盘上的 Shift 键，沿 Y 轴复制"前装饰 02"对象，然后调整它的位置，如图 7-25 所示。

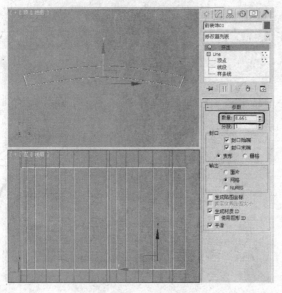

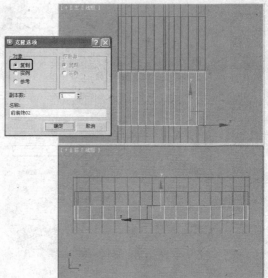

图 7-24　施加挤出　　　　　　　　　　图 7-25　复制出"前装饰 02"对象

Step 08 选择 ❋（创建）｜ ⬭（几何体）｜【长方体】工具，在【顶视图】中创建长方体，将其命名为"中间隔断"，在【参数】卷展栏中将【长度】、【宽度】和【高度】值分别设置为 7.874、0.787 和 40.879，如图 7-26 所示。

Step 09 选择 ❋（创建）｜ ⬚（图形）｜【线】工具，在【顶视图】中绘制一条封闭的样条线，将其命名为"服务台后"，如图 7-27 所示。

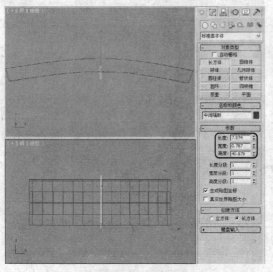

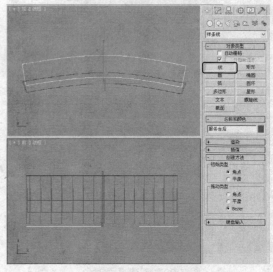

图 7-26　创建中间隔断　　　　　　　　图 7-27　绘制服务台后

Step 10 切换至 ◿（修改）命令面板，在修改器列表中选择【挤出】修改器，在【参数】卷展栏中将【数量】设置为 19.685，如图 7-28 所示。

Step 11 在修改器列表中选择【UVW 贴图】命令，在【参数】卷展栏中将贴图方式定义为【长方体】，将【长度】、【宽度】和【高度】值分别设置为 26、50、50，如图 7-29 所示。

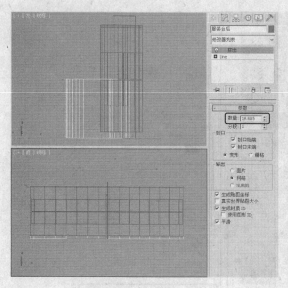

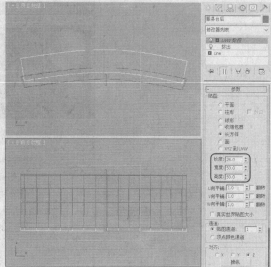

图 7-28 施加挤出命令   图 7-29 施加 UVW 贴图修改器

Step 12 选择"前装饰 01"和"前装饰 02"对象，按 M 键打开【材质编辑器】，选择一个新的材质样本球，将其命名为"前装饰"。在【Blinn 基本参数】卷展栏中，将【环境光】和【漫反射】的 RGB 设置为 255、255、255，将【自发光】选项组下的颜色设置为 33，将【反射高光】选项组中的【高光级别】和【光泽度】设置为 100 和 10。单击 ▨ （将材质指定给选定对象）按钮。如图 7-30 所示。

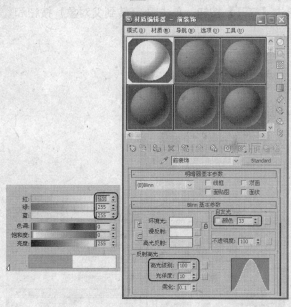

图 7-30 设置材质

Step 13 在场景中选择"中间隔断"对象，按 M 键打开【材质编辑器】，选择第二个材质样本球，将其命名为"中间隔断"。在【Blinn 基本参数】卷展栏中，将【环境光】和【漫反射】的 RGB 设置为 168、168、168。打开【贴图】卷展栏，将【反射】后的【数量】设置为 20，单击【None】按钮，在打开的对话框中选择【光线跟踪】，单击【确定】按钮。单击 ▨ （转到父对象）按钮和 ▨ （将材质指定给选定对象）按钮。如图 7-31 所示。

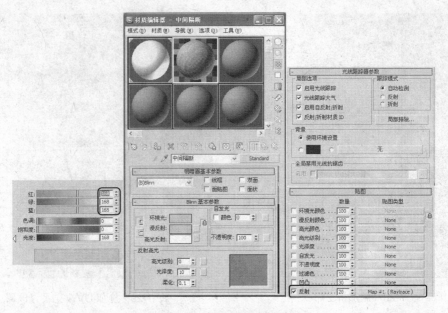

图 7-31　设置并指定材质

Step 14 在场景中选择"服务台"、"服务台后"和"桌面"对象，按 M 键打开【材质编辑器】，选择第三个材质样本球，将其命名为"服务台"。在【贴图】卷展栏中单击【漫反射颜色】后的【None】按钮，在打开的对话框中选择【位图】，单击【确定】按钮，在弹出的对话框中选择【素材\map\010bosse.jpg】文件，单击【打开】按钮。单击 🔲（转到父对象）按钮和 🔲（将材质指定给选定对象）按钮，如图 7-32 所示。

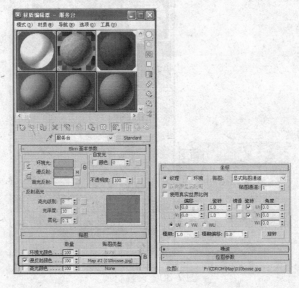

图 7-32　设置材质

Step 15 选择 ⚙（创建）| ⬡（图形）|【线】工具，在【左视图】中绘制一条封闭的样条线，将其命名为"背板"，如图 7-33 所示。

Step 16 切换至 ⬛（修改）命令面板中，在修改器列表中选择【挤出】修改器，在【参数】卷展栏中将【数量】设置为 1397.402，如图 7-34 所示。

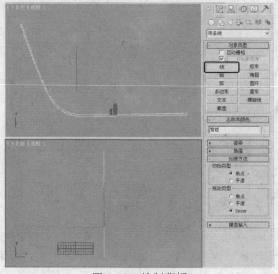

图 7-33　绘制背板

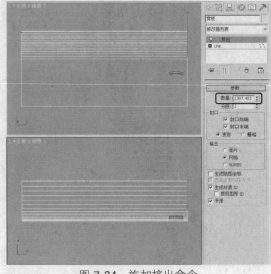

图 7-34　施加挤出命令

Step 17　选择"背板"对象，按 M 键打开【材质编辑器】，选择一个新的材质样本球，将其命名为"背板"。在【Blinn 基本参数】卷展栏中，将【环境光】和【漫反射】的 RGB 设置为 255、255、255。单击 按钮（将材质指定给选定对象）按钮，如图 7-35 所示。

Step 18　选择 （创建）| （灯光）|【目标聚光灯】工具，在【顶视图】中创建一盏目标聚光灯，在【常规参数】卷展栏中，选中【启用】复选框并将阴影方式定义为【区域阴影】，在【聚光灯参数】卷展栏中将【聚光区/光束】和【衰减区/区域】分别设置为 0.5 和 85，在场景中调整它的位置，如图 7-36 所示。

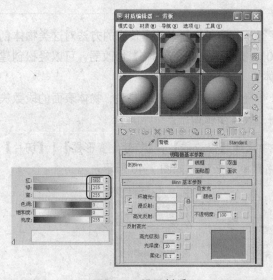

图 7-35　设置材质

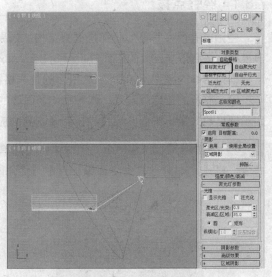

图 7-36　创建目标聚光灯

Step 19　选择 （创建）| （灯光）|【天光】工具，在顶视图中创建一盏天光，如图 7-37 所示。

Step 20　在【透视图】中调整好模型的位置，然后按 Ctrl+C 键，在场景中生成摄影机，并按 C 键，将视图转换为摄影机视图，如图 7-38 所示。

Step 21　对当前场景进行渲染，然后对满意的效果及场景文件进行保存即可。

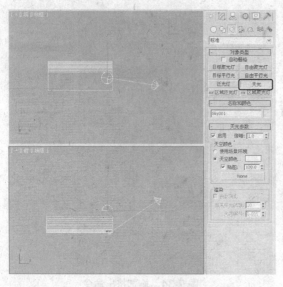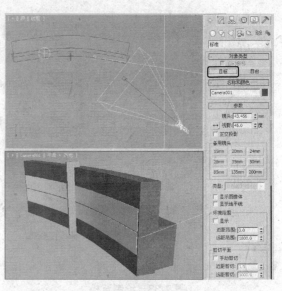

图 7-37　创建天光　　　　　　　　　　　图 7-38　创建摄影机

7.8　本章小结

　　修改器是 3ds Max 2011 中最激动人心的工具之一，通过修改器，可以创建更多富有个性的三维模型。本章重点介绍了常用的修改器，并相应地列举了几个比较有代表性的实例。注意，熟练使用各个修改器是学好 3ds Max 的关键。

7.8.1　经验点拨

　　生活中有很多常见形状都是框架结构，如果在 3ds Max 2011 中使用传统的方法对这类物体创建模型，将会带来巨大的工作量。因此 3ds Max 2011 提供了一个【晶格】修改器，可以轻松创建这种框架结构的模型，如图 7-39 所示的是晶格物体。

　　【晶格】的工作原理是，依赖物体表面边的分布将物体栅格化。也就是说，物体表面的段数决定了栅格的数量。下面介绍【晶格】修改器的应用，具体步骤如下。

Step 01　重置场景。创建一个几何球体，在菜单栏中选择【修改器】|【参数化变形器】|【切片】命令，打开 ⬛（修改）命令面板，选中【优化网格】单选按钮，如图 7-40 所示.

图 7-39　晶格物体　　　　　　　　　图 7-40　选中【优化网格】单选按钮

Step 02　在菜单栏中选择【修改器】|【参数化变形器】|【晶格】命令，将几何球体晶格化。
Step 03　打开 ⬛命令面板，在【参数】卷展栏中选择【几何体】选项组中的【二者】单选按钮。这样栅格的【支柱】选项组和【节点】选项组即可显示出来。

Step 04 在【支柱】选项组中将【半径】设置为 0，将【分段】设置为 1，【边数】设置为 4，在【节点】选项组中将【半径】设置为 4，【分段】设置为 3，如图 7-41 所示。

Step 05 选中【平滑】复选框，使压杆和节点变得光滑一些。

Step 06 按 M 键打开【材质修改器】，指定一个透明材质，如图 7-42 所示。

图 7-41　设置参数

图 7-42　晶格的应用

7.8.2　习题

一、选择题

1. 下面哪一种修改器适合制作服务台效果？（　　）

A. 结构线框　　　　B. 波浪　　　　C. 影响区域　　　　D. 变形

2. 下面哪一种修改器在命令面板中找不到具体参数？（　　）

A. 弯曲　　　　B. 涟漪　　　　C. 镜像　　　　D. 变换

二、简答题

简述利用修改器进行模型变形的一般过程。

三、操作题

1. 创建一个球体，对其使用 3ds Max 2011 中所有的修改器（包括已经介绍过的），观看效果。

2. 利用所学到的知识创建一个如图 7-43 所示的石头模型（提示：利用【噪波】和【挤压】修改器）。

图 7-43　石头模型

第8章

高级建模

本章导读

3ds Max 2011 中有不同的高级建模方法，本章的重点知识是多边形建模的基本原理。

知识要点

- ✪ 编辑网格
- ✪ 创建 NURBS 曲线
- ✪ 编辑点
- ✪ 【顶点焊接】编辑器
- ✪ 创建 NURBS 曲面
- ✪ 编辑曲线
- ✪ 【面挤出】编辑器
- ✪ 多边形建模的基本原理
- ✪ 编辑曲面
- ✪ 【光滑】编辑器
- ✪ 编辑多边形
- ✪ 制作轮胎模型

8.1 多边形建模的基本原理

多边形建模是所有建模方法中最烦琐、最耗费精力的一种建模方法，要求创作者必须对每个部件的放置位置有非常清晰的认识。当然，Autodesk 公司也在这方面添加和改进了一些特性，如在右键快捷菜单中可以访问几乎所有的可编辑网格命令。

多边形模型存在两种编辑方式：编辑网格和编辑多边形。

在 3ds Max 3 之前的版本中，编辑多边形就是指【编辑网格】，但这个概念到了 3ds Max 4 以后就变得有些模糊了。因为 3ds Max 4 又增加了一种新的编辑方式——【编辑多边形】，与【编辑网格】的最大区别是，当编辑多边形的时候，会避开隐藏边的影响。除此之外，这两种编辑方式没有本质上的区别。

到了 3ds Max 5 和 3ds Max 2011，不得不重新认识【编辑网格】和【编辑多边形】。因为在 3ds Max 2011 中，【编辑多边形】的改进非常明显，新增内容大约有 30 项，各种命令的操作也越来越趋向成熟，而【编辑网格】却几乎没有什么变化。这同时也反映出 3ds Max 在未来编辑多边形的发展方向主要是以【编辑多边形】为主。

不过，这并不是说【编辑多边形】已经代替了【编辑网格】，因为在目前，只有通过塌陷堆栈的方法才能获得【编辑多边形】的能力。也就是说，在保留堆栈的情况下不能使用【编辑多边形】中的功能，从这方面来看，【编辑多边形】也可以理解为【编辑网格】的最终形式。

8.1.1 多边形物体

在前面介绍的各种标准基本体、扩展基本体等模型可以说都属于多边形模型。

当通过拉伸、放样等建模方法创建了一个模型后，在 （修改）命令面板中都会提供一个相同的【输出】卷展栏，其中默认的选项是【网格】，如图 8-1 所示。此时，创建的模型将最终输出为多边形模型。

如果想获得编辑多边形模型的能力，有两种方法可以实现。一种是在菜单栏中选择【修改器】|【网格编辑】|【编辑网格】命令，这样就给物体加载了一个用于编辑多边形模型的编辑器。另一种是在视图内的物体上右击，从弹出的快捷菜单中选择【转换为】|【转换为可编辑网格】命令，如图 8-2 所示。这样会将多边形物体的修改记录塌陷掉，转换为可编辑的多边形物体。

图 8-1　输出为多边形模型

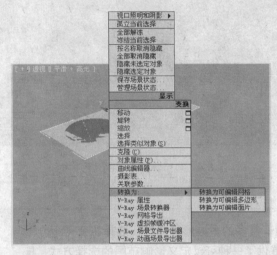

图 8-2　将物体转换为可编辑网格

8.1.2　【可编辑网格】的次物体

在对一个多边形物体执行了【可编辑网格】命令后，就可以对其进行编辑。打开 （修改）命令面板，在堆栈栏展开【可编辑网格】选项，会看到 5 种次物体，如图 8-3 所示。

- **顶点**：物体表面的顶点。通过调节顶点，可以最直接地改变物体的形状。
- **边**：物体表面的边，编辑一条边至少可以影响到 3 个相连的面。
- **面**：此处指由 3 个顶点组成的小三角面。

图 8-3　【可编辑网格】的次物体

- **多边形**：一个多边形包含若干个小三角面，这样在选择一个多边形时，实际可能同时选择了多个隐藏的面。
- **元素**：一组连续而且没有断开的面。

8.1.3　【可编辑网格】的【选择】卷展栏

在对多边形物体执行了【可编辑网格】命令后，可以在 （修改）命令面板中打开【选择】卷展栏，对多边形物体进行一些有用的设置。

- **按顶点**：选中后，可以靠选择顶点去选择面。例如，单击顶点后，会同时选中与这个顶点相邻的所有面。

- **忽略背面：**选中后，可以避免选择物体背面的顶点或面等。
- **忽略可见边：**选中后，可以避免选择到本不该选择的可见边。
- **显示法线：**选中后，在视图内显示出物体表面的法线方向，如图 8-4 所示。当在视图内选择了物体的顶点或者面后，被选择的顶点或者面会显示为红色。
- **删除孤立顶点：**删除模型中孤立的顶点。

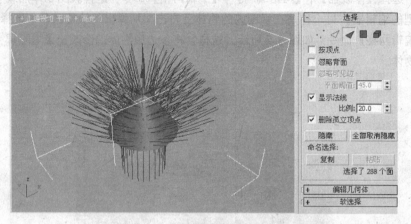

图 8-4　显示物体表面的法线方向

8.1.4　软选择

当修改一个顶点数量非常多的多边形物体时，选择将变得十分困难，因此 3ds Max 2011 提供了一种可以定义影响范围的选择方式。具体做法是：对多边形物体执行【可编辑网格】命令后，打开 （修改）命令面板，打开【软选择】卷展栏，选中【使用软选择】复选框，如图 8-5 所示。

启用了软选择功能后，可以通过【软选择】卷展栏提供的选项进行设置。

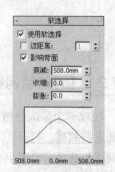

图 8-5　【软选择】卷展栏

- **使用软选择：**使用这个选项可以更多地控制选择的范围。
- **边距离：**选中【边距离】选项后，可以按边的数量约束影响的范围，例如，【边距离】的值是 1，那么无论【衰减】的值是多少，都只能影响一个边的距离。这在有些情况下非常有用。
- **影响背面：**默认情况下，【影响背面】选项处于选中状态。这样，用户的选择可能会影响到多边形物体背面的顶点或面等，在很多时候都会造成问题。没有特殊需要，建议不要选中此选项。
- **衰减：**增减【衰减】的值，可以改变选择的影响范围。设置好选择范围后，可以通过调节少量的顶点去影响相应区域内的多边形物体表面形状。使用这种方法，可以很容易地为多边形物体表面增加一些细节。
- **收缩：**增加【收缩】的值，可以增加选择范围的衰减程度，产生收缩形状的选区，如图 8-6 所示。
- **膨胀：**增加【膨胀】的值，可以使选择范围膨胀。其值越大，距离实际选择范围越远的区域将得到越强的作用力，如图 8-7 所示。

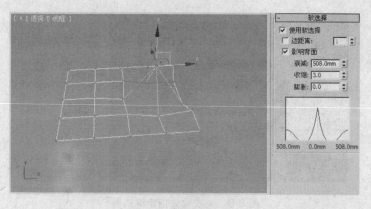

图 8-6　收缩选择范围

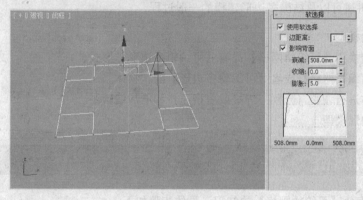

图 8-7　膨胀选择范围

8.1.5　调整、合并、分离多边形

通常，可以通过调整多边形的位置来调整整个模型，也可以在任何时候将两个多边形物体合并为一个整体，或将多边形物体的不同部分分离。下面是合并多边形和分离多边形的操作方法。

- **合并多边形**：给多边形物体执行【可编辑网格】命令后，在 （修改）命令面板的【编辑几何体】卷展栏上单击【附加】按钮，如图 8-8 所示。然后在视图内拾取另一个多边形物体（包括非多边形物体），则与该多边形物体合并为一个整体。
- **分离多边形**：给多边形物体执行【可编辑网格】命令后，选择多边形物体的一部分面组件，在 （修改）命令面板的【编辑几何体】卷展栏下单击【分离】按钮，则将当前选择的多边形物体的一部分分离为个体。

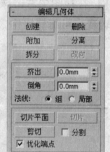

图 8-8　【编辑几何体】卷展栏

8.1.6　为次物体指定编辑器

在前面的章节中，已经学习了大量的编辑器，可以看到每一种编辑器都具有相应的修改能力。同时，也了解到同一个编辑器可以多次重复指定给一个模型，实际上甚至还能够为模型的次物体指定编辑器。例如，将一个【噪波】编辑器指定给一个圆环的次物体（一部分顶点或面等），结果圆环只有一部分顶点或面受到了【噪波】编辑器的影响，如图 8-9 所示。

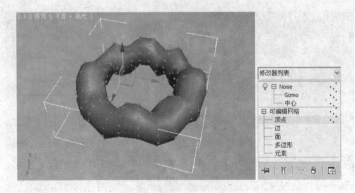

图 8-9　为次物体指定编辑器

通过上面的讲述可以总结出多边形建模的一般过程。

Step 01 选择原始模型。

Step 02 把模型转换为【可编辑网格】或者【可编辑多边形】形式。

Step 03 选择【可编辑网格】或者【可编辑多边形】的次物体。

Step 04 对次物体进行调整（分割、焊接或者挤压）和增加编辑器。

Step 05 完善多边形模型。

8.2　编辑网格

下面来说明有关【可编辑网格】的知识，具体步骤如下。

Step 01 在【顶视图】中创建一个【球体】，在命令面板中设置球体的【半径】为 930，【分段】为 32，取消【平滑】的勾选，并调整位置。

Step 02 在视图中右击球体，在弹出的快捷菜单中选择【转换为】|【转换为可编辑网格】命令，将球体转变为可编辑网格；此时，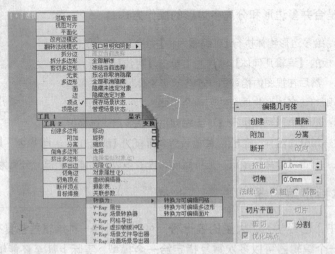 （修改）命令面板如图 8-10 所示。

图 8-10　选择【转换为可编辑网格】命令

Step 03 断开多边形模型顶点。

选择球体的顶点，在 （修改）命令面板中将当前选择集定义为【顶点】，并在视图中选择

顶点，在【编辑几何体】卷展栏中单击【断开】按钮，即可
将顶点断开；其作用是使原来连接在一起的顶点断开为若干
个独立的顶点。选择工具栏中的 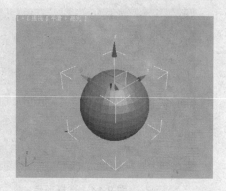（选择并移动）工具，移
动各个顶点，调整后发现球体产生了空洞的效果。

选择命令面板中的 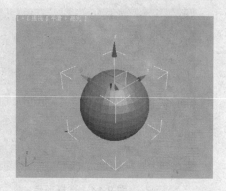（显示）选项卡，取消选中【显
示属性】卷展栏中的【背面消隐】选项，可以看到整个球体，
如图 8-11 所示。

Step 04 创建切角。

选择球体另一个未分开的顶点，在 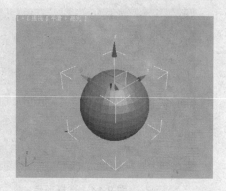（修改）命令面
板中的【编辑几何体】卷展栏中单击【切角】按钮。然后，
图 8-11 断开后的球体

在视图内上下拖动鼠标，或者直接设置切角数值，可将一个顶点分为若干个顶点，产生切角。这个
功能也可以应用于编辑边，如图 8-12 所示。

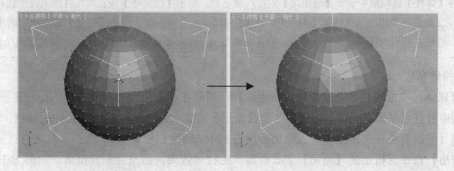

图 8-12 创建切角

Step 05 创建新的顶点。

确定球体处于次物体状态下，在 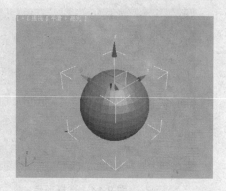（修改）命令面板上单击【切片平面】按钮，然后在视图
内确定【切片平面】的映射位置，单击【切片】按钮，创建新的顶点。这个选项可以应用到所有的
次物体，如图 8-13 所示。

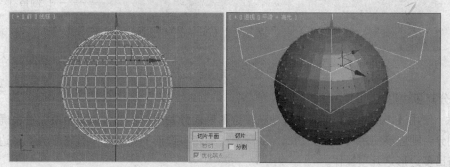

图 8-13 创建新的顶点

Step 06 焊接多边形顶点。

选择工具栏中的 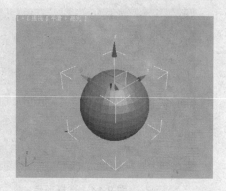（选择对象）工具，在视图中选择分开的两个顶点，如图 8-14 所示。在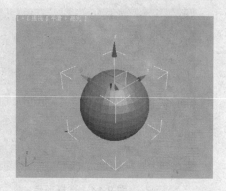
（修改）命令面板的【焊接】选项组中设置【选定项】的值到足够大，这个值代表顶点与顶点之间
的距离，只有在这个距离之内的顶点才能被焊接。确定后，单击【选定项】按钮即可将距离内所选
择的顶点焊接，如图 8-15 所示。

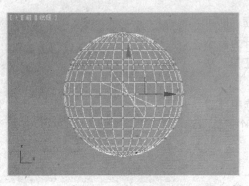 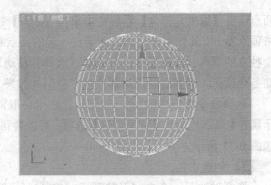

图 8-14　选择顶点　　　　　　　　　　图 8-15　焊接顶点

提 示

在 3ds Max 2011 中，可以用两种方法实现焊接顶点。一是选择多边形上将要焊接的两个或多个顶点，在【焊接】选项组中设置【选定项】的值，确定后，单击【选定项】按钮即可将距离内所选择的顶点焊接；二是选择多边形的次物体【顶点】，在 （修改）命令面板上单击【焊接】选项组中的【目标】按钮，然后在视图内选择任意一个顶点，将其拖动到另一个将要进行焊接的顶点上，焊接这两个顶点。

Step 07 拉伸多边形。

选择球体，在堆栈栏选择次物体【多边形】，然后在视图内选择将要挤压的面。在 （修改）命令面板中打开【编辑几何体】卷展栏，在【挤出】右侧的输入框中输入要拉伸的数值，单击【挤出】按钮（可以直接在文本框中输入数值后单击 Enter 键完成拉伸操作）。

使用【挤出】命令面板上的【倒角】工具也能产生拉伸效果，但是会形成倒角。如图 8-16 所示下面的图形是用【倒角】产生的，上面的图形是【挤出】产生的。

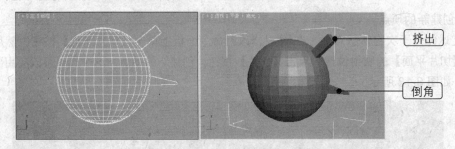

挤出

倒角

图 8-16　拉伸多边形

Step 08 分割多边形。

注意，使用【切片平面】可以快速地在多边形表面分割出新的边。如果希望能够精确地对多边形进行划分，则应该使用【切割】功能。实际上，编辑多边形的主要环节就在于分割多边形、焊接顶点和挤出多边形这几项操作。

在 （修改）命令面板的堆栈栏选择次物体【多边形】。在视图中选择一个多边形，右击工具栏中的 （二维捕捉）工具，在出现的面板中选择【捕捉】选项卡，选择其中的【顶点】和【中点】选项。

在 （修改）命令面板上单击【剪切】按钮。确定选中【优化端点】复选框，将鼠标移动到多边形的任意一条边上单击，这时上下拖动鼠标会连接出一条虚线。将鼠标移动到另一条边上单击，在两条边之间会产生一条新的边。可以继续在其他边上单击，分割出若干条边。右击，结束剪切操作，效果如图 8-17 所示。

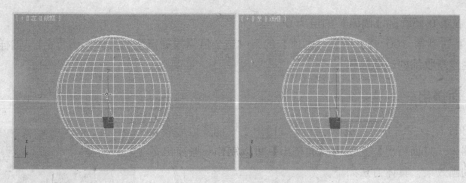

图 8-17 【剪切】多边形

> **提 示**
>
> 　　需要确定是否选中了【优化端点】选项，选中该选项，才能够在分割多边形的表面后重新连接一条边。如果选中【剪切】选项，会将分割后的多边形撕开。在分割多边形的时候，如果选择一些复杂的边，操作起来则会比较困难。可以在工具栏上右击二维捕捉工具图标，在弹出的设置对话框中选中【边】、【顶点】或者【中点】选项，设置捕捉边。这样就可以准确地选择将要分割的边。

Step 09 设置多边形表面的 ID 号。

　　在 3ds Max 2011 中，模型的每一个面都有一个 ID 号，这个 ID 号用来标识模型与多种材质之间的联系。

　　设置 ID 号的方法很简单。选择球体，在 ✎（修改）命令面板的堆栈栏中选择【多边形】，然后在视图内选择将设置 ID 号的面（默认情况下，3ds Max 2011 会随机给物体表面分配 ID 号）。在 ✎（修改）命令面板上打开【曲面属性】卷展栏，在【材质】选项组下的【设置 ID】文本框中输入数值，确定物体表面的 ID 号。例如，当输入 3 后，当前表面的 ID 号即为 3，如图 8-18 所示。

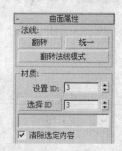

Step 10 通过 ID 号选择多边形表面。在 ✎（修改）命令面板的堆栈栏中选择【多边形】，并在【曲面属性】卷展栏中【选择 ID】按钮后输入想要选择的 ID 号，如 3。单击【选择 ID】按钮，这样会同时选择所有 ID 号为 3 的面。

图 8-18 设置 ID 号

8.3 多边形的相关编辑器

8.3.1 顶点焊接

　　在 3ds Max 2011 中，有一个专门用于焊接顶点的编辑器——【顶点焊接】。其功能与【可编辑网格】中的【选定项】命令相似，都用于焊接顶点。编辑器【顶点焊接】与编辑多边形的【选定项】的主要区别在于，通过【顶点焊接】的【阈值】参数执行的焊接过程可以被记录成为动画，具体的步骤如下。

Step 01 选择两个分开的顶点，在菜单栏中选择【修改器】|【网格编辑】|【顶点焊接】命令。
Step 02 打开 ✎（修改）命令面板，设置【阀值】的值，这个值代表的是顶点与顶点之间的距离，在这个距离之间的顶点都将被焊接。
Step 03 按 N 键激活动画记录状态。

Step 04 在第 0 帧确定【阈值】的值为 0。

Step 05 前进到第 100 帧，增大【阈值】的值（这个值需根据模型的具体大小而定）。这样，模型就会产生逐渐收缩的动画效果。

8.3.2 面挤出

在 3ds Max 2011 中，提供了一个专门用于拉伸多边形表面的编辑器——【面挤出】。使用【面挤出】可以制作一些挤出多边形的动画效果，具体方法如下。

Step 01 在【顶视图】中创建一个【切角圆柱体】，设置【半径】为 500，【高度】为 500，【圆角】为 150，取消选中【平滑】选项，其他值任意，将其转变为可编辑网格。

Step 02 在菜单栏中选择【修改器】|【选择】|【网格选择】命令。

Step 03 在堆栈栏选择次物体【多边形】后，选择切角圆柱体的一些面，如图 8-19 所示。

图 8-19 选择面

Step 04 退出次物体，在菜单栏选择【修改器】|【网格编辑】|【面挤出】命令。

Step 05 按 N 键激活动画记录状态，并前进到第 100 帧。

Step 06 增加【数量】的值，将多边形的面拉伸开来。

Step 07 改变【比例】的值，对新产生的面进行缩放，如图 8-20 所示。

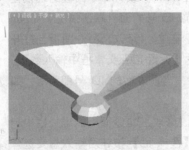

参数

参数
数量：52.0
比例：200.0
□ 从中心挤出

图 8-20 挤出动画

Step 08 在 ◢（修改）命令面板上选择【从中心挤出】选项后，在堆栈栏选择次物体【挤出中心】选项。

Step 09 在视图内改变拉伸中心的位置，观察对拉伸结果的影响。

8.3.3 光滑

3ds Max 2011 还提供了对模型表面进行光滑处理的修改器。这样，即使不执行【可编辑网格】命令，也可以为模型设置软、硬边，具体操作方法如下。

Step 01 选择模型，在菜单栏上选择【修改器】|【网格编辑】|【平滑】命令。这时，模型所有的边将被转换为硬边。

Step 02 进入 ◢（修改）命令面板，在【参数】卷展栏的【平滑组】选项组中单击任意编号 ID 的按钮，整个模型将被进行光滑处理，如图 8-21 所示。

图 8-21 光滑参数设置

Step 03 选中【自动平滑】复选框，会根据【阈值】的值自动对模型进行光滑处理，其原理与在【可编辑网格】中的设置相同。

注 意

使用【自动平滑】功能，有时会出现错误（概率很低），一些不应被光滑处理的边会产生镂空现象。这时，只要选中【禁止间接平滑】复选框就可以解决这个问题（除非出现问题，否则不应选中【禁止间接平滑】复选框）。

8.4 编辑多边形

本节将对【编辑多边形】新增加的内容进行详细介绍，与【可编辑网格】相同的内容不再介绍。下面用一个例子来介绍【编辑多边形】的相关知识，具体步骤如下。

Step 01 在【顶视图】中创建一个【管状体】，设置【高度分段数】为 3，【边数】为 8，其他值任意。

Step 02 转换为可编辑多边形。

选择模型，在视图内右击管状体，从弹出的快捷菜单中选择【转换为】|【转换为可编辑多边形】命令，将模型转换为可编辑多边形。

右击【透视图】中左上角的【平滑+高光】，在出现的快捷菜单中选择【边面】显示方式，得到如图 8-22 所示的效果。

Step 03 选择次物体中的【边】，选择管状体一侧的棱边，按 Delete 键删除。打开 回 （显示）命令面板，取消【显示属性】卷展栏中的【背面消隐】选项，就可以看到整个管状体，得到如图 8-23 所示的效果。

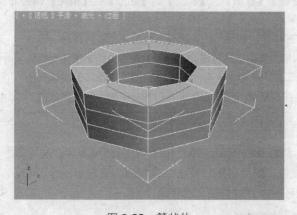

图 8-22　管状体

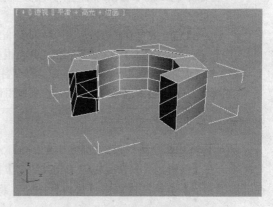

图 8-23　删除边后的管状体

Step 04 选择次物体。

在【可编辑多边形】中，增加了一个【边界】次物体，用于选择那些处在模型开口位置上的所有边，如图 8-24 所示。【编辑多边形】取消了【面】次物体，其余的次物体功能和应用与【可编辑网格】相同。

Step 05 扩大选择范围。

在【选择】卷展栏内选择【扩大】方式，可以发现选择的范围增大了，如图 8-25 所示。

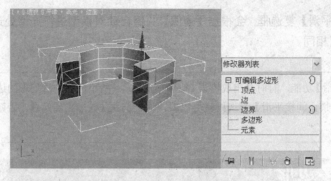

图 8-24　选择次物体【边界】

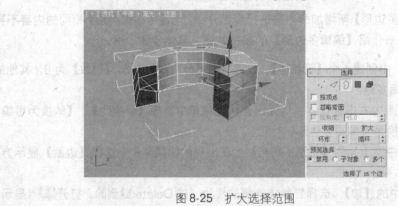

图 8-25　扩大选择范围

注意

在【编辑多边形】面板的【选择】卷展栏内新增了【收缩】、【扩大】、【环形】、【循环】4 种非常实用的方式。

【收缩】表示在已有的选择范围内减去最外围选择的次物体，如果选择范围已经不能再降低，将取消所有的选择。【扩大】表示在已有的选择范围内增加新的选择范围。【环形】表示只能在选择次物体【边】或【边界】时使用，其作用是在已有的选择范围内无限地平行扩大选择范围。【循环】表示只能在选择次物体【边】或【边界】时使用，其作用是在与当前所选次物体对齐的方向无限扩展选择范围。

Step 06　封口。

确认在堆栈栏中选择的次物体为【边界】，然后在视图内选择一个开口。打开 ◢（修改）命令面板，在【编辑边界】卷展栏内单击【封口】按钮，即可将开口补上；在视图内选择另一个开口，在【编辑边界】卷展栏内单击【封口】按钮，将另一个开口封闭，如图 8-26 所示。

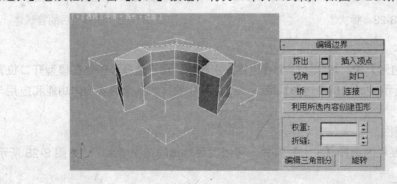

图 8-26　封口

Step **07** 清除模型的顶点或边。

选择如图 8-27 所示的顶点，在 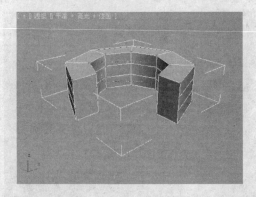（修改）命令面板的【编辑顶点】卷展栏中单击【移除】按钮，清除顶点，得到如图 8-28 所示的效果。

图 8-27　选择需要移除的顶点

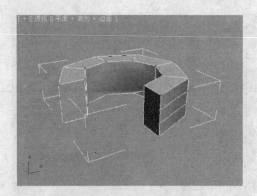

图 8-28　移除顶点后的效果

注　意

【编辑多边形】允许将模型表面的顶点或边清除，与删除不一样。清除物体的顶点或边后，并不会删除顶点或边所属的面。

Step **08** 挤出顶点。

在视图内选择【顶点】，在 （修改）命令面板的【编辑顶点】卷展栏中单击【挤出】按钮旁边的小方框（设置按钮），弹出【挤出顶点】对话框。【高度】的值决定拉伸的距离，这里设置为 500；增加【宽度】的值，可以扩展所选顶点的基础范围，这里设置为 120，如图 8-29 所示。单击【确定】按钮。

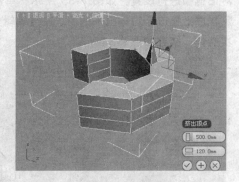

图 8-29　挤出顶点

Step **09** 以多边形为单位进行挤出。

在堆栈栏选择【多边形】，在视图内选择一些面，如图 8-30 所示。打开【编辑多边形】卷展栏，单击【挤出】按钮旁边的设置按钮，弹出【挤出多边形】对话框。将挤出类型定义为【按多边形】后，设置【高度】的值以决定挤出的程度。单击【确定】按钮结束操作，得到如图 8-31 所示的效果。

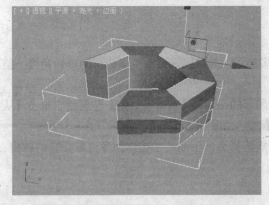

图 8-30　选择一些面

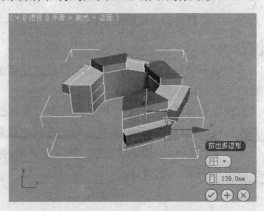

图 8-31　以多边形为单位进行挤出

Step 10 连接顶点。

选择模型的两个顶点，在【编辑顶点】卷展栏上单击【连接】按钮，在这两个顶点之间连接一条新的边，如图 8-32 所示。

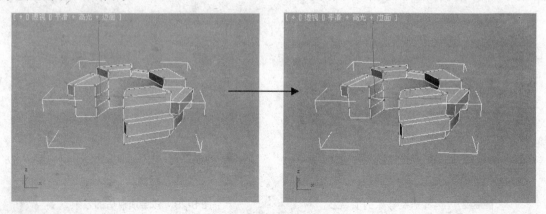

图 8-32　连接顶点

Step 11 重复上一次操作。在堆栈栏选择次物体【多边形】，在视图内任意选择模型的一个面。打开 ☑ （修改）命令面板，在【编辑多边形】卷展栏内单击【倒角】按钮旁边的设置按钮，在弹出的对话框中进行设置，如图 8-33 所示。单击【确定】按钮，将【多边形】拉伸出一定距离，并在一定程度上缩放新拉伸出来的面。在【编辑几何体】卷展栏内不断单击【重复上一个】按钮，重复上次操作，结果如图 8-34 所示。

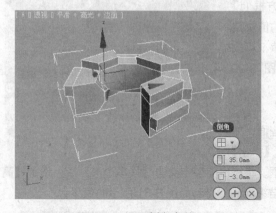

图 8-33　设置倒角参数

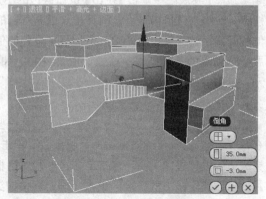

图 8-34　重复上一个操作

Step 12 转枢。

【编辑多边形】允许以一条边为基础产生新的多边形，并可以设置新生多边形的旋转角度，整个操作就像制作枢纽一样。

选择次物体【多边形】，并选择物体如图 8-35 所示的面。在【编辑多边形】卷展栏中单击【从边旋转】设置按钮，打开设置对话框，在其中设置参数，如图 8-36 所示。

单击【拾取 HingeEdge】按钮，然后在视图内拾取选择面的下面一条边作为多边形旋转的转枢，得到如图 8-37 所示的效果。

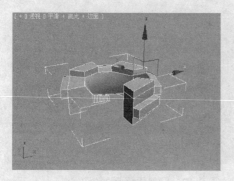

图 8-35　选面

图 8-36　设置 HingeEdge 参数

Step 13　沿样条路径挤出多边形。

　　使用【线】工具在视图内画出一条路径，如图 8-38 所示。选择多边形物体，在堆栈栏内选择次物体【多边形】，在视图内选择多边形的一个面，打开【编辑多边形】卷展栏，单击【沿样条线挤出】按钮右侧的设置按钮，打开【沿样条线挤出多边形】对话框，设置参数如图 8-39 所示。单击【确定】按钮，得到如图 8-40 所示的效果。

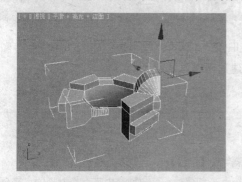

图 8-37　HingeEdge 结果

图 8-38　绘制样条线

图 8-39　设置挤出参数

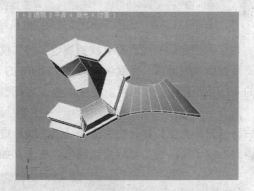

图 8-40　沿样条挤出多边形的结果

Step 14　光滑。

　　通常，当以编辑多边形的方式进行具有光滑表面物体的建模时，都是先通过直接编辑多边形，创建出粗糙的模型，然后再通过光滑（光滑网格）的方式得到复杂的模型。所谓光滑网格，实际上就是沿着多边形模型的边增加面数（细分），并且可以光滑多边形模型的棱角。

　　选择多边形物体，进入修改命令面板，在【编辑几何体】卷展栏单击【网格平滑】设置按钮。在弹出的对话框中设置参数，如图 8-41 所示。单击【确定】按钮，得到如图 8-42 所示的效果。

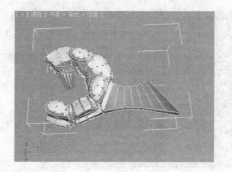

图 8-41　设置网格平滑参数　　　　　　　　图 8-42　网格平滑后的效果

> **注 意**
>
> 　　在【网格平滑选择】对话框中设置【平滑度】的值时，值越高，细分的程度就越高，建议不要超过
> 2。【编辑多边形】中的平滑网格功能有一个缺点，即一旦对多边形模型执行【平滑】命令，就不能再
> 恢复到没有细分之前的状态；而细分后的模型会变得十分复杂，不利于进一步修改。

8.5　创建 NURBS 曲线和 NURBS 曲面

　　NURBS 模型是由曲线和曲面组成的，所以创建 NURBS 模型的过程也是创建 NURBS 曲线和 NURBS 曲面的过程，可以通过 　 （创建）命令面板创建这两种基本模型。

8.5.1　创建 NURBS 曲线

NURBS 曲线有如下两种。

- **点曲线**：一种用点来控制曲线形状的光滑曲线，有点类似【直线】，但是点曲线都是光滑的。
- **CV 曲线**：NURBS 曲线并不一定都是通过线上的可控点来创建的，有一种是由带有控制柄的点来创建的曲线。控制柄可以影响曲线的弯曲程度，通过定义每个点的权重，使控制柄更加清楚地定义曲线的形状。通过这种方法创建的曲线就是可控曲线。

　　每个可控曲线的顶点都有权重属性，增加权重则曲线向可控曲线的顶点靠拢，降低权重则曲线远离可控曲线的顶点。在默认状态下，NURBS 可控曲线的顶点的权重都是 1，但如果是转化后得到的 NURBS 曲线，权重可能发生改变。当同时选择多个可控曲线的顶点时，可以一起改变权重。

　　打开 　 （创建）命令面板中的 　 （图形）面板，在下拉列表框中选择【NURBS 曲线】选项，然后在【对象类型】卷展栏中选择【点曲线】或【CV 曲线】，在视图中单击鼠标左键并移动就可以得到 NURBS 曲线，要结束绘制可以右击，如图 8-43 所示。

图 8-43　创建 NURBS 曲线

创建 NURBS 曲线的另一种方法，是将非 NURBS 曲线直接转化成 NURBS 曲线。

8.5.2　创建 NURBS 曲面

NURBS 曲面有两种：点曲面和 CV 曲面。其性质与点曲线和 CV 曲线相似，区别也近似于点曲线同 CV 曲线的区别，关键区别就是后者都是由控制柄来控制的。创建 NURBS 曲面的方法和创建曲线类似，打开 （创建）命令面板中的 （几何体）面板，在下拉列表框中选择【NURBS 曲面】选项，然后在【对象类型】卷展栏中选择一种曲面类型，在视图中拖动鼠标，即可创建一个矩形 NURBS 曲面，如图 8-44 示。

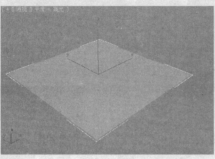
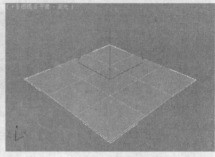

图 8-44　创建 NURBS 曲面

另一种创建 NURBS 曲面的方法，是直接将其他几何体转化成 NURBS 曲面。

现实世界中是点组成线、线组成面，但在 NURBS 世界里并不完全如此，可以看到点曲面和可控曲面中就没有线的概念，这是和多边形建模（网格建模）很不一样的。

8.6　编辑 NURBS

创建出 NURBS 曲面或 NURBS 曲线后，在堆栈栏中会显示出 NURBS 的次物体，共有两种，如图 8-45 所示。同样，可对 NURBS 次物体进行编辑，但不同的次物体有不同的编辑方式，这种编辑可利用 NURBS 工具箱中的工具来完成。

在 （修改）面板下的【常规】卷展栏中单击 （NURBS 创建工具箱）按钮，可以打开 NURBS 工具箱，如图 8-46 所示。如果要关闭该工具箱，可再次单击该按钮。

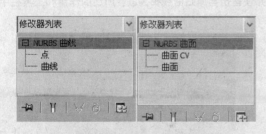

图 8-45　NURBS 的次物体

图 8-46　NURBS 工具箱

NURBS 工具箱被分成了 3 个部分，即【点】、【曲线】和【曲面】，下面通过分析工具箱中的各部分内容来介绍如何编辑 NURBS。

8.6.1 编辑点

在 ![]（修改）面板中，【点】和【CV】栏中包含对【点】和【CV】对象的一些编辑功能，如图 8-47 所示。

在 NURBS 工具箱的【点】选项组包括创建 NURBS 顶点的各种方法，如图 8-48 所示。

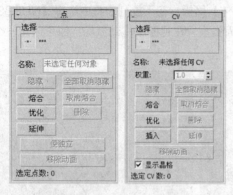

图 8-47　【点】和【CV】卷展栏

图 8-48　【点】选项组

- **创建点** ⚠：创建一个自由独立的顶点。
- **创建偏移点** ⊙：在距离选定点一定的偏移位置创建一个顶点。
- **创建曲线点** ⊗：创建一个依附在曲线上的顶点。
- **创建曲线 - 曲线点** ⊗：在两条曲线的交叉处创建一个顶点。
- **创建曲面点** ⊞：创建一个依附在曲面上的顶点。
- **创建曲面 - 曲线点** ⊠：在曲面和曲线的交叉处创建一个顶点。

8.6.2 编辑曲线

工具箱中的【曲线】选项组包括创建 NURBS 曲线的各种方法，如图 8-49 所示。

- **创建 CV 曲线** ⌐：作用同 ⊙（创建）命令面板中的命令按钮。
- **创建点曲线** ⊗：作用同 ⊙（创建）命令面板中的命令按钮。
- **创建拟合曲线** ⊿：可以使一条曲线通过可控曲线顶点、独立顶点、曲线的位置与顶点相关联，如图 8-50 所示。
- **创建变换曲线** ↩：可以创建一条曲线的备份，并使备份与原始曲线相关联。所起的作用和工具栏中的【选择并移动】工具类似，如图 8-51 所示。

曲线

图 8-49　【曲线】选项组

图 8-50　创建拟合曲线

图 8-51　创建变换曲线

- **创建混合曲线** ☑：在一条曲线的端点和另一条曲线的端点之间创建过渡曲线。该工具要求至少有两条 NURBS 曲线次物体，生成的曲线总是光滑的，并与原始曲线相切，如图 8-52 所示。
- **创建偏移曲线** ☑：这个工具和可编辑样条曲线的 Offset 按钮作用相同。创建一条曲线的备份，当拖动鼠标改变曲线与原始曲线的距离时，随着距离的改变，其大小也随之改变，如图 8-53 所示。

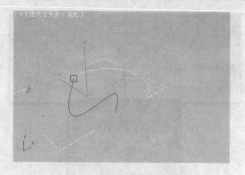

图 8-52　创建混合曲线

图 8-53　创建偏移曲线

- **创建镜像曲线** ☑：创建原始对象的一个镜像备份，效果如图 8-54 所示。
- **创建切角曲线** ☑：其功能和【倒角】类似，只是所创建的曲线为直线，如图 8-55 所示。

图 8-54　创建镜像曲线

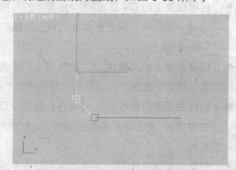

图 8-55　创建切角曲线

- **创建圆角曲线** ☑：同【创建倒角曲线】相似，只是在两条曲线的端点之间生成的是一段圆弧形的曲线。
- **创建曲面 – 曲面相交曲线** ☑：在两个曲面交叉处创建一条曲线。如果两个曲面有多个交叉部位，交叉曲线的位置在靠近光标的地方。
- **创建 U 向等参曲线** ☑：建立一条与曲面相关联的曲线，偏移沿着曲面的法线方向，大小随着偏移量而改变，如图 8-56 所示。
- **创建 V 向等参曲线** ☑：在曲面上创建水平和垂直的 Iso 曲线，如图 8-57 所示。

图 8-56　创建 U 向等参曲线

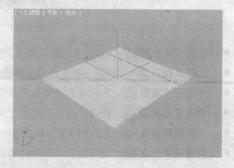

图 8-57　创建 V 向等参曲线

- **创建法向投影曲线** ：以一条原始曲线为基础，在曲线所组成的曲面法线方向上向曲面投影，如图 8-58 所示。
- **创建向量投影曲线** ：类似创建标准投影曲线工具，只是投影方向不同，矢量投影是在曲面的法线方向上向曲面投影，而标准投影则是在曲线所组成的曲面法线方向上向曲面投影，如图 8-59 所示。

图 8-58　创建法向投影曲线　　　　　　　图 8-59　创建矢量投影曲线

- **创建曲面上的 CV 曲线** ：曲面上的可控曲线和可控曲线非常相似，只是曲面上的可控曲线与曲面关联，如图 8-60 所示。
- **创建曲面上的点曲线** ：功能和上一个类似（创建曲面上的 CV 曲线），只是所创建的曲线类型不一样。
- **创建曲面偏移曲线** ：【偏移】曲线从原始曲线、父曲线偏移，是到原始曲线的法线。可以偏移平面和 3D 曲线。
- **创建曲面边曲线** ：曲面边曲线是位于曲面边界的从属曲线类型，该曲线可以是曲面的原始边界或修剪边。

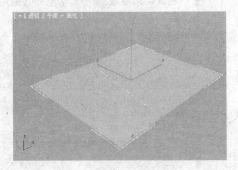

图 8-60　创建曲面上的 CV 曲线

8.6.3　编辑曲面

工具箱中的【曲面】选项组包括了创建 NURBS 曲面的各种方法，如图 8-61 所示。

图 8-61　【曲面】选项组

- **创建 CV 曲面** ：同 （创建）命令面板中的命令按钮功能一样。
- **创建点曲面** ：同 （创建）命令面板中的工具按钮功能一样。
- **创建变换曲面** ：所创建的变换曲面是原始曲面的一个备份，如图 8-62 所示。
- **创建混合曲面** ：在两个曲面的边界之间创建一个光滑曲面，如图 8-63 所示。
- **创建偏移曲面** ：在原始曲面法线方向的指定距离所创建的与原始曲面关联的曲面，如图 8-64 所示。
- **创建镜像曲面** ：镜像曲面是原始曲面在某个轴方向上的镜像备份，如图 8-65 所示。

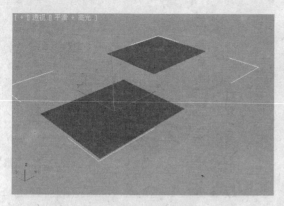

图 8-62　创建变换曲面

图 8-63　创建混合曲面

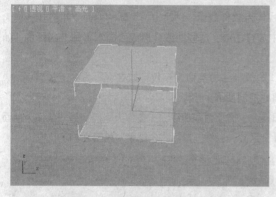

图 8-64　创建偏移曲面

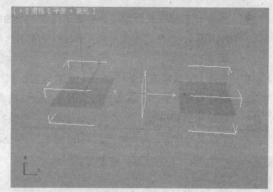

图 8-65　创建镜像曲面

- **创建挤出曲面** ：将一条曲线拉伸为一个与曲线相关联的曲面，和【挤出】编辑器功能类似，如图 8-66 所示。
- **创建车削曲面** ：旋转一条曲线生成一个曲面，和【车削】编辑器功能类似，如图 8-67 所示。

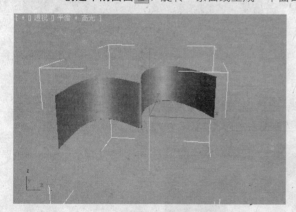

图 8-66　创建挤出曲面

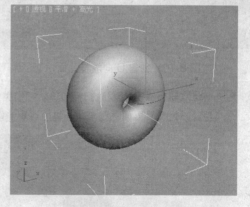

图 8-67　创建车削曲面

- **创建规则曲面** ：在两条曲线之间创建一个曲面，如图 8-68 所示。如果看不到效果，可以选择命令面板中的【镜像法线】选项，反转法线。
- **创建封口曲面** ：在一条封闭的曲线上加一个盖子，通常与【挤出】命令配合使用，如图 8-69 所示。

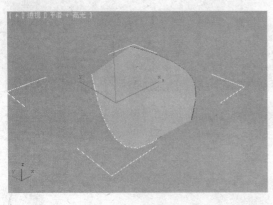

图 8-68　创建规则曲面　　　　　　　　图 8-69　创建封口曲面

- **创建 U 向放样曲面** ⬚：在视图中绘制多条曲线作为放样截面，创建出一个新的曲面，并将其转换为 NURBS。然后选中该按钮，在视图中单击选中放样曲线，这些曲线会形成曲面水平轴上的轮廓，如图 8-70 所示。
- **创建 UV 放样曲面** ⬚：水平 UV 放样曲面和 U 向放样曲面类似，不仅可以在水平方向上放置曲线，还能在垂直方向上放置曲线，因此可以更精确地控制曲面的形状。
- **创建单轨扫描** ⬚：和放样物体很类似，单轨扫描至少需要两条曲线，一条作为路径，另一条作为曲面的交叉界面。在制作时先选择路径曲线，再选择交叉界面曲线，最后右击结束，如图 8-71 所示。

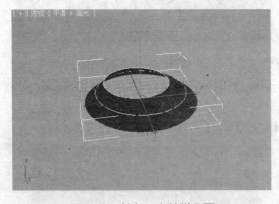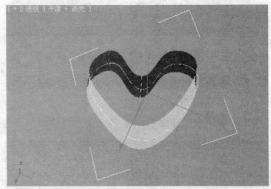

图 8-70　创建 U 向放样曲面　　　　　　图 8-71　创建单轨扫描

- **创建双轨扫描** ⬚：双轨扫描和单轨扫描类似，但是至少需要 3 条曲线，其中两条曲线作为路径，其他曲线为交叉界面，比单轨扫描曲线更能够控制曲面的形状，如图 8-72 所示。

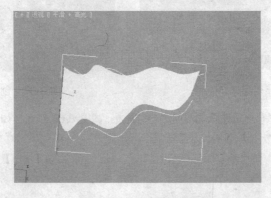

图 8-72　创建双轨扫描

- **创建多边混合曲面** ：在两个或两个以上的边之间创建混合曲面。
- **创建多重曲线修剪曲面**：在两个或两个以上的边之间创建剪切曲面。
- **创建圆角曲面**：在两个交叉曲面结合的地方建立一个光滑的过渡曲面。

8.7 案例实训——轮胎

本节将利用多边形建模方法制作轮胎的模型。

8.7.1 实例效果

创建一个如图 8-73 所示的轮胎模型。

图 8-73 轮胎模型

8.7.2 操作过程

Step 01 在菜单栏中选择【文件】|【重置】命令，初始化场景。

Step 02 选择 ☀（创建）|◯（几何体）|【切角长方体】工具，在【顶视图】中创建一个切角长方体，将其命名为【轮胎】，在【参数】卷展栏中将【长度】、【宽度】、【高度】和【圆角】值分别设置为 90、795、100 和 14；将【宽度分段】、【高度分段】和【圆角分段】分别设置为 70、7 和 8，如图 8-74 所示。

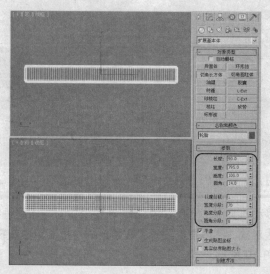

图 8-74 创建轮胎

Step 03 选择 ✛（创建）|◎（图形）|【线】工具，在【左视图】中绘制一条样条线，如图 8-75 所示。

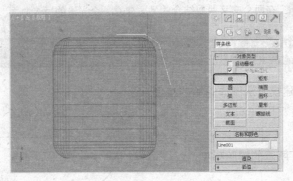

图 8-75　绘制样条线

Step 04 切换至 ◢（修改）命令面板，将当前选择集定义为【顶点】，在视图中调整顶点的形状，如图 8-76 所示。

> **注意**
>
> 在调整顶点位置时，如顶点数量不够，可根据实际情况在将选择集定义为【顶点】的情况下，使用【优化】按钮，在场景的合适位置增加顶点即可。

Step 05 在【渲染】卷展栏中分别选中【在渲染中启用】和【在视口中启用】复选框，将类型设置为【矩形】，将【长度】和【宽度】分别设置为 11.4 和 6，然后将其移动到合适的位置，如图 8-77 所示。

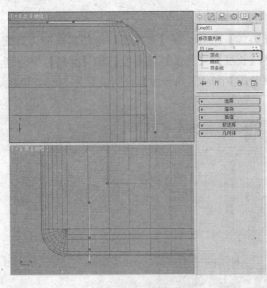

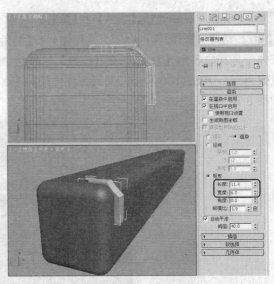

图 8-76　调整顶点　　　　　　　　图 8-77　设置渲染可见性

Step 06 使用 ✛（选择并移动）工具并配合 Shift 键，在场景中对样条线进行复制，如图 8-78 所示。

Step 07 选择第一个样条线对象，然后右击鼠标，在弹出的快捷菜单中选择【转换为】|【转换为可编辑多边形】命令，如图 8-79 所示。

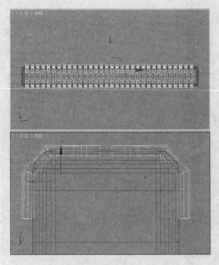

图 8-78　复制样条线对象

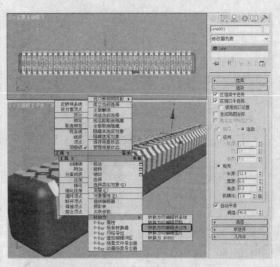

图 8-79　转换为可编辑多边形

Step 08　切换至 🔧（修改）命令面板，在【编辑几何体】卷展栏中，单击【附加】右侧的小按钮，在弹出的【附加列表】对话框中选择全部的样条线对象，然后单击【附加】按钮，将它们全部附加为一体，如图 8-80 所示。

Step 09　确认【轮胎】对象处于选中的状态下，选择 ✳（创建）|　◯（几何体）|【布尔】命令，在【拾取布尔】卷展栏中选择【拾取操作对象 B】按钮，然后选择附加为一体的样条线对象，进行布尔，如图 8-81 所示。

图 8-80　附加其余的线

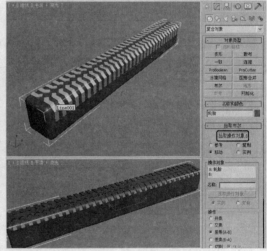

图 8-81　执行布尔

Step 10　将轮胎对象转换为可编辑多边形，然后将当前选择集定义为【多边形】，将两侧的面删除，如图 8-82、图 8-83 所示。

Step 11　关闭当前选择集，在修改器列表中选择【弯曲】命令，在【参数】卷展栏中将【弯曲轴】下的方向定义为【X】，将【弯曲】选项组下的【角度】设置为 360，如图 8-84 所示。

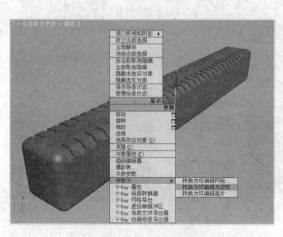

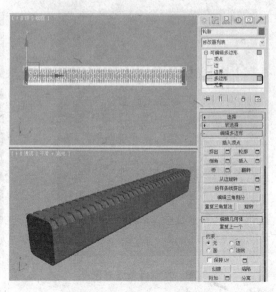

图 8-82 转换为可编辑多边形　　　　　　　图 8-83 删除两侧的面

Step 12 在修改器列表中选择【编辑多边形】命令，将当前选择集定义为【边】，选择中间的一条边，然后在【软选择】卷展栏中选中【使用软选择】复选框，将【衰减】设置为 47，将其向上移动，调制出微微凸起的效果，如图 8-85、图 8-86 所示。

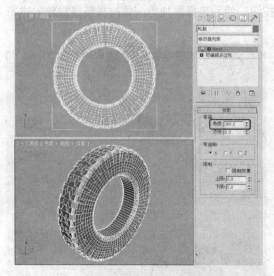

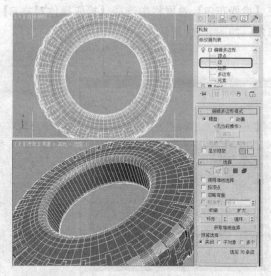

图 8-84 施加弯曲命令　　　　　　　图 8-85 选择边对象

Step 13 取消选中【使用软选择】复选框，选择轮胎内侧的边，根据同样的方法调制边，如图 8-87、图 8-88 所示。

Step 14 将当前选择集定义为【多边形】，选择全部的多边形对象，然后在【编辑几何体】卷展栏中选择【切片平面】按钮，将切除线调整至轮胎的中心位置，如图 8-89 所示。

Step 15 然后选择【切片】按钮，这样在轮胎的中心处就多出了一条中心切线。将当前选择集定义为【顶点】，选择中心线以上的所有顶点并删除，如图 8-90 所示。

Step 16 关闭顶点选择集，在修改器列表中选择【对称】命令，在【参数】卷展栏中将【镜像轴】定义为 Y 轴，并选中【翻转】复选框，如图 8-91 所示。

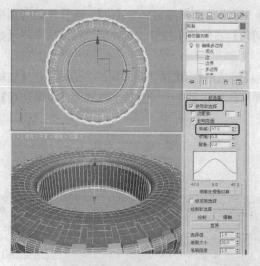

图 8-86　调整边

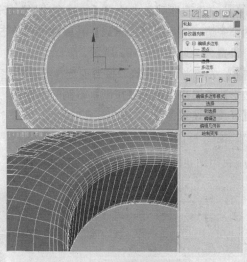

图 8-87　选择内侧边

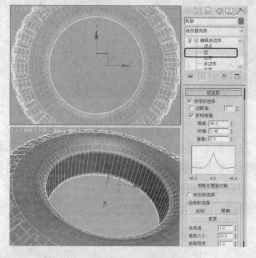

图 8-88　调整边

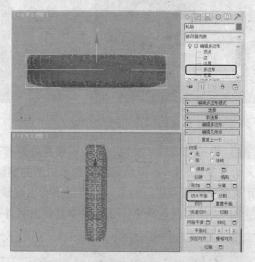

图 8-89　设置切片

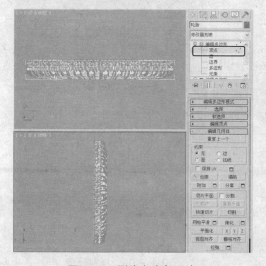

图 8-90　删除上半部顶点

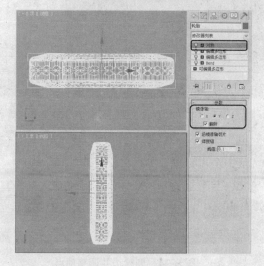

图 8-91　施加对称命令

Step 17 在修改器列表中选择【编辑多边形】修改器，将当前选择集定义为【边】，选择轮胎内侧中心的那条边，然后在【编辑边】卷展栏中，单击【切角】右侧的小按钮，在弹出的对话框中将【数量】设置为 16，如图 8-92 所示。

Step 18 关闭当前选择集，将当前选择集重新定义为【多边形】，选择切角中间的多边形，在【编辑多边形】卷展栏中选择【挤出】右侧的小按钮，在弹出的对话框中，设置挤出方式为【本地法线】，将【高度】设置为-26，如图 8-93 所示。

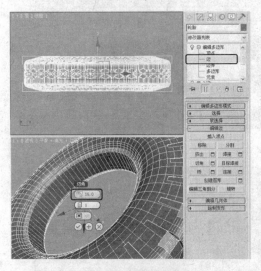
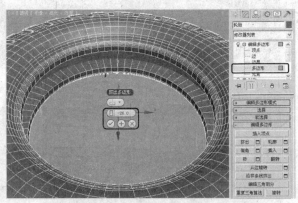

图 8-92 为边施加切角   图 8-93 施加挤出

Step 19 设置完成后，发现在弯曲的接头处还有一个独立的边存在，并未统一挤出，这时将选择集定义为【多边形】，选择凸起两侧的多边形并删除。然后将选择集定义为【顶点】，将接口处稍微存在距离的两侧顶点进行融合，这样就不会出现缺口，如图 8-94 所示。

Step 20 关闭当前选择集，在场景中复制出另外一个轮胎对象，如图 8-95 所示。

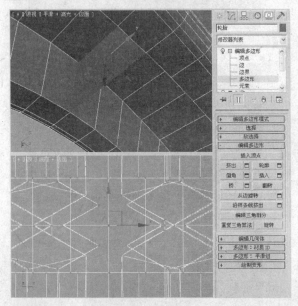
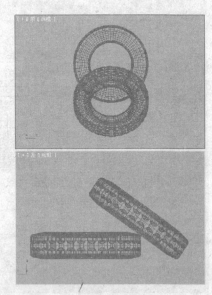

图 8-94 删除边并调整顶点   图 8-95 复制模型

Step 21 选择 ✱（创建）|　◯（几何体）|【长方体】工具，在【顶视图】中创建一个长方体，将其命名为【地面】，如图 8-96 所示。

Step 22 按 M 键打开【材质编辑器】，选择第一个材质样本球，将其命名为【轮胎】，在【Blinn 基本参数】卷展栏中将【环境光】和【漫反射】的 RGB 值设置为 23、23、23；在【反射高光】选项组中将【高光级别】设置为 30，在【贴图】卷展栏中将【凹凸】后的【数量】设置为 80，然后单击后面的【None】按钮，在弹出【材质/贴图浏览器】对话框中选择【噪波】选项，单击【确定】按钮进入噪波参数面板，在【噪波参数】卷展栏中将【大小】设置为 0.5，将当前材质指定给场景中的【轮胎】对象，如图 8-97 所示。

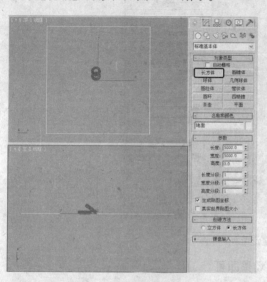
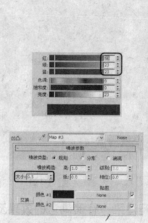

图 8-96　创建地面　　　　　　　　　　　　　　　图 8-97　设置材质

Step 23 在【透视图】中调整模型至合适的视觉角度，然后按 Ctrl+C 键创建摄影机，如图 8-98 所示。

Step 24 选择 ✱（创建）|　◁（灯光）|【天光】按钮，在【顶视图】中创建一盏天光，如图 8-99 所示。

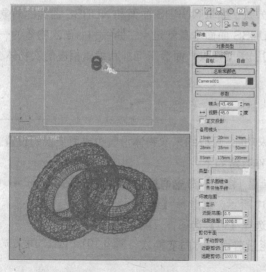
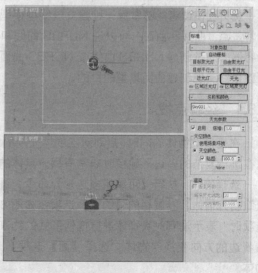

图 8-98　创建摄影机　　　　　　　　　　　　　　图 8-99　创建天光

Step 25 选择 ✳ (创建) | ◁ (灯光) |【泛光灯】按钮，在【前视图】中创建一盏泛光灯，在【强度/颜色/衰减】卷展栏中将【倍增】设置为 0.4，如图 8-100 所示。

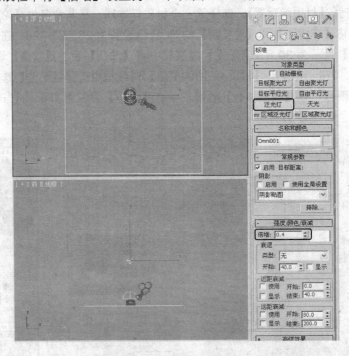

图 8-100　创建泛光灯

Step 26 对摄影机视图进行渲染，存储满意的效果及场景即可。

8.8 本章小结

　　本章主要讲述了高级建模的方法，其中包括多边形建模与 NURBS 建模。通过实例操作，使读者能够真正掌握通过多边形建模方法创建一个复杂模型的过程，达到学以致用的目的。

　　另外，使读者能够掌握一种建立流线型模型的方法；编辑 NURBS 曲面和 NURBS 曲线的对象通常是点、曲线和曲面，可以说 NURBS 曲线和 NURBS 曲面本身就是点、曲线和曲面次物体的一个容器，通过创建 NURBS 曲线或 NURBS 曲面，用 ◹ (修改) 面板来增加和编辑相应的次物体，可以最终实现创建曲面模型的目的。

8.8.1　经验点拨

　　在变换次物体的同时，启动对次物体变换的约束功能，可以约束次物体沿着边或面变换的位置，这在进行复杂的多边形建模时非常有用。具体的操作方法如下。

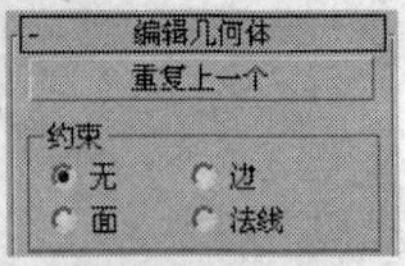

　　选择物体，执行【可编辑多边形】命令，进入 ◹ (修改) 命令面板，【编辑几何体】卷展栏的【约束】选项组如图 8-101 所示。当选择【无】选项时，表示没有对次物体进行任何形式的约束；选择【边】选项，只能沿着边的方向变换次物体；选择【面】选项，只能沿着面的方向变换次物体。

图 8-101　选择约束方式

　　在 3ds Max 的整个建模过程中，不可避免地要确定模型法线的正确方向，通过翻转法线方向还能优化场景中模型的显示。3ds Max 专门提供了一个用于翻转法线方向的编辑器——【法线】编辑器，具体使用方法如下。

Step 01 选择模型，在菜单栏上选择【修改器】|【网格编辑】|【编辑法线】命令。

Step 02 打开 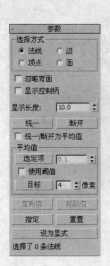（修改）命令面板，参数设置如图 8-102 所示。

Step 03 选中【显示控制柄】复选框，显示法线的控制柄。通常，可以对一个巨大的球体执行显示控制柄操作以显示控制柄，如图 8-103 所示。

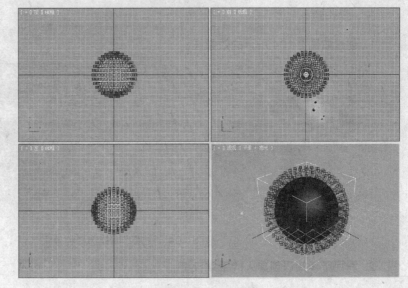

图 8-102　参数设置　　　　　　　　　　　　图 8-103　显示控制柄

使用【法线】只能整体地显示模型的控制柄，不能对模型的局部法线方向进行控制。在本章中设置的翻转法线就是局部法线方向控制的例子。

使用【法线】编辑器还可以通过细微调节法线的方向来改变模型表面接受光线的显示（不会影响到渲染），该操作主要用于游戏制作。其具体的使用方法是：选择模型，在菜单栏上选择【编辑器】|【网格编辑】|【编辑法线】命令，然后在堆栈栏选择次物体【法线】。接下来可以在视图内选择模型的任意一条法线，并变换其方向。也可以打开 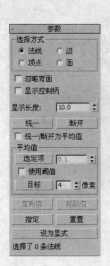（修改）命令面板，对法线进行进一步设置，由于这一选项用得比较少，此处不进行详细介绍。

8.8.2　习题

一、选择题

1.【编辑多边形】同【编辑网格】相比哪个次物体不同？（　　　）

A. 面和边界　　　　　B. 面和顶点　　　　　C. 边和元素　　　　　D. 多边形和边

2. 在【编辑多边形】操作中，连接两个顶点的命令是哪一个？（　　　）

A. 分离　　　　　　　B. 连接　　　　　　　C. 盖子　　　　　　　D. 节点焊接

3. NURBS 次物体共有多少种？（　　　）

A. 3　　　　　　　　B. 4　　　　　　　　C. 5　　　　　　　　D. 6

4. 在 NURBS 工具箱中，创建规则曲面的工具是哪一个？（　　）

A. [图标]　　　　　　B. [图标]　　　　　　C. [图标]　　　　　　D. [图标]

二、简答题

1. 简述多边形建模的一般过程。

2. 简述创建 NURBS 曲面的几种方法。

三、操作题

1. 创建如图 8-104 所示的效果图。

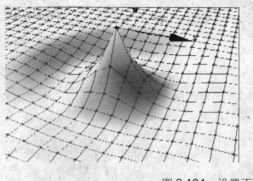 

图 8-104　设置不同软选择的效果

2. 利用所学知识创建人的手掌模型。

第*9*章

材质与贴图

本章导读

　　世界上任何物体都有各自的表面特性，也就是自己的属性、颜色等，例如大理石、木头、玻璃。为了更好地表现它们各自的特性，在 3ds Max 中可以通过【材质编辑器】对物体的材质来进行制作。【材质编辑器】是制作材质和赋予贴图的地方。本章从一开始就进行了对【材质编辑器】操作面板的认识。

知识要点

- ❂ 【材质编辑器】的界面
- ❂ 材质的基本类型
- ❂ 材质的显示方式
- ❂ 混合材质
- ❂ 双面材质
- ❂ 材质基本参数
- ❂ 材质组件
- ❂ 贴图方式及其应用
- ❂ 光线跟踪材质
- ❂ Ink'n Paint 材质
- ❂ 贴图坐标
- ❂ 玻璃质感的体现
- ❂ 黄金质感

9.1　【材质编辑器】的操作面板

　　简单地说，材质就是用来模拟物质表面的颜色、纹理和其他外观上的特性，如表现金属、水、木纹等特性。

　　在 3ds Max 中，指定和调节材质的工作都要在【材质编辑器】中进行。打开【材质编辑器】的方法是：在菜单栏中选择【渲染】|【材质编辑器】|【精简【材质编辑器】】命令，或在工具栏上单击 （【材质编辑器】）按钮（快捷键是 M）。【材质编辑器】的操作面板如图 9-1 所示。

　　在【材质编辑器】的操作面板上有很多图形化的按钮，这些按钮通常都是起辅助作用的设置按钮，不会直接影响到材质属性。这里介绍几个最基本的按钮。

- **将材质指定给选定对象** ：选择物体后，单击这个按钮，就可以将当前材质指定给当前选择的物体；或者在【材质编辑器】内直接拖动材质球到物体表面为物体指定材质。指定完材质后，材质球的边框四周会出现三角标记，说明指定成功。

- **重置贴图/材质为默认设置** ：单击这个按钮后，会弹出对话框，询问这将导致丢失所有当前材质|贴图设置，是否重置。

- **采样类型** ：按住这个按钮后，会弹出不同的材质样本。从中可以选择一种形状的材质球。注意，只是影响材质球的显示，和材质的属性无关，如图 9-2 所示。

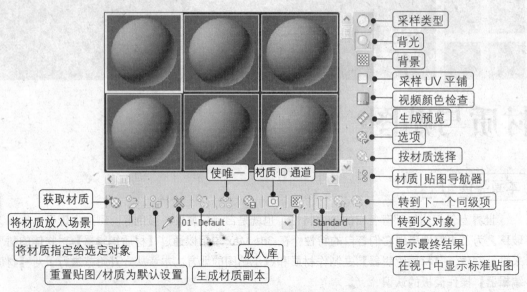

图 9-1 【材质编辑器】的操作面板

- **背光**：决定材质球是否显示反光，用来控制材质球的显示，和材质的属性无关。
- **背景**：默认情况下，材质球背后的颜色是黑颜色。激活背景后，背景会显示出色块，在制作透明材质的时候特别有用，如图 9-3 所示。

图 9-2 材质球的显示

图 9-3 背景

初次接触【材质编辑器】的操作面板可能会觉得无从下手，这里只是让读者对【材质编辑器】的操作面板有一个初步的了解。

9.2 材质的基本类型

默认情况下，在【材质编辑器】的【明暗器基本参数】卷展栏内提供了 8 种着色器类型，称为材质的最基本类型（都属于标准材质），如图 9-4 所示。

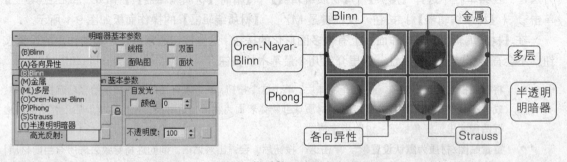

图 9-4 材质的 8 种基本类型

- **各向异性**：这种材质可以散发出非圆形的高光亮点，适合模拟塑料类的材质。在【各向异性基本参数】卷展栏内设置【各向异性】值，可以改变高光的形状。调节【方向】的值可以决定高光的方向。

- **Blinn**：默认的材质，使用 Blinn 通常可以模拟出大部分的材质，是一种综合型的材质属性。

- **金属**：这种材质不能定义高光的颜色，当增强【高光级别】时，材质的表面反而变暗，这时增加【光泽度】的值可以使材质产生非常鲜明的明暗对比。使用金属类型的材质通常要配合 Blinn 材质才能取得比较好的效果，用来模拟白钢管之类的材料非常合适。

- **多层**：这种材质也拥有各向异性类型的高光设置，最特别的地方是可以设置两种高光颜色，因此称为多层高光。

- **Oren-Nayar-Blinn**：设置【粗糙度】的值，可以使材质产生一种摩擦特性。通常用来模拟布料、毛皮的效果要好一些。

- **Phone**：所有的设置与 Blinn 材质相同，但是比 Blinn 材质表现出来的材质更光滑一些，适合模拟玻璃、水、冰等高反光特性的材质。

- **Strauss**：没有高光设置的一种材质，但是通过增加【反光度】的值同样可以取得高光效果。增加【金属度】值，会使无高光反映的材质表面变暗，效果类似【金属】属性的材质。

- **半透明明暗器**：一种主要用来模拟一些表面透明的材质。

默认情况下，使用的都是【获取材质】类型的材质。在【材质编辑器】操作面板上单击 （获取材质）按钮，弹出【材质/贴图浏览器】对话框，从中可以选择任何一种类型的材质，这里有 20 种类型的材质，如图 9-5 所示。下面介绍部分材质。

- **DirectX Shader**：DirectX 明暗器材质能够使用 DirectX 明暗器为视口中的对象着色。如果要使用此材质，必须有能够支持 DirectX 的显示驱动，同时必须使用 Direct3D 显示驱动。

- **Ink'n Paint**：主要用于创建卡通材质效果。

- **变形器**：专门针对【变形】编辑器所设置的材质，提供了100 个材质通道。配合角色面部表情的变化，可以制作出一些特殊效果，如面部变红等。

- **标准**：标准类型的材质，没有特殊的功能，但适用于大部分情况。

图 9-5　选择材质类型

- **虫漆**：能够将两种不同的材质混合在一起，可以将【基本材质】看做是材质的本色，将【胶漆材质】看做是物体外面涂的一层漆。可以增加【叠加颜色混合】的值来决定【胶漆】对【物体本色】的影响程度。

- **顶/底**：可以将物体按照【世界】坐标或【自身】坐标分为上下两个部分，并对这两个部分分别指定不同的材质。可以增加【混合】的值来融合这两个材质的交界线。通过调节【位置】的值，可以改变材质的位置。

- **多维/子对象**：通过物体表面的 ID 号与多重材质中的子材质进行匹配。最多可以设置 1000 个子材质。

- **高级照明覆盖**：专门为光能传递准备的材质，可以通过材质对光能传递的值产生影响。

- **光线跟踪**：自身带有光线跟踪特性，所有设置与折射贴图基本相同。可以直接在反射通道中指定贴图，根据贴图的灰度值决定反射强度。

- **合成**：允许将最多 10 个材质叠加在一起。通过【数量】的值决定材质之间的混合程度。

- **混合**：与混合贴图的设置基本相同，可以根据材质的灰度值来混合另外两个不同的材质。

- **建筑**：专门表现建筑物的材质。

143

- **壳材质**：用两种基本材质来表现，能够突出显示一种基本材质，从而让材质显示得更加亮丽。
- **双面**：为物体的法线正、反面分别提供了两个不同的材质，也能够使物体的法线反面渲染出来。
- **外部参照材质**：外部参照材质能够在另一个场景文件中从外部参照某个应用于对象的材质。对于外部参照对象，材质驻留在单独的源文件中，可以仅在源文件中设置材质属性。当在源文件中改变材质属性然后保存时，在包含外部参照的主文件中，材质的外观可能会发生变化。
- **无光/投影**：用于混合真实的环境背景与三维场景中的物体。

9.3　材质的基本属性

无论选择哪种类型的材质，都有一些共同的属性和一些共同的设置，称之为材质的基本属性。

9.3.1　显示方式

在【材质编辑器】的【明暗器基本参数】卷展栏上提供了 4 个复选框。这是 4 个有特殊作用的复选框，甚至可以直接影响到模型的外观。

1. 线框

选中这个复选框后，物体将会显示为线框，不仅会影响到显示，还会影响到渲染。线框的数量根据物体表面的段数而定。在【材质编辑器】的【扩展参数】卷展栏上，设置【线框】选项组的【大小】值，可以改变线框的粗细。

2. 双面

默认情况下，物体法线的反面是看不到的。选中这个复选框后，法线的反面也可以显示出来，非常有利于一些单面模型的操作。例如，使用面片、NURBS 建模的时候，经常会出现单面的表面。

3. 面贴图

选中后，当前材质将按照面方式贴图，与 UVW 贴图中的小平面贴图方式的作用相同。

4. 面状

选中后，将取消物体表面的光滑处理效果，不仅会影响到显示，还会影响到渲染，即使是对 NURBS 模型也一样。

9.3.2　基本参数

在 3D 模型中，颜色不是平面的，这是灯光影响的原因。颜色在【材质编辑器】的两个或单个颜色框中显示，这些颜色就是在叙述材质的基本类型中提到的【高光强度】和【反光度】等。

以【Blinn】材质来说明材质的基本参数设置，其基本参数卷展栏如图 9-6 所示。

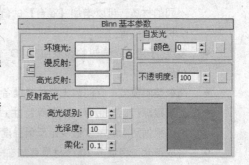

图 9-6　【Blinn】材质基本参数卷展栏

- **环境光**：控制在远离光源的阴暗区域显示的颜色。
- **漫反射**：控制整个对象的色调。
- **高光反射**：控制高光区的颜色。

- **自发光**：控制物体自己发光的颜色。
- **不透明度**：设置物体的透明属性，100 为完全不透明，0 为完全透明。
- **高光级别＋光泽度**：这两个参数控制了高光曲线的形状，是控制高光将如何显示的最好工具。曲线的宽度将决定高光最终的宽度，曲线的高度控制了高光的颜色。当曲线接近顶部时，高光的颜色和【高光反射】的颜色相匹配，降低的时候高光的颜色就掺杂了漫反射的颜色。现实世界中的许多材质（如羽毛、油木和不光滑的气球）有很平和的光泽，在设置的时候建议使用高光参数和增加光泽度，以较好地模拟这种效果。
- **柔化**：光的柔化处理。

9.3.3 组件

生活中各种材质的特性通常都非常复杂，不仅要模拟物体的表面颜色，还要模拟反光、折射等材质特性，这样才会使物体看起来更真实。

【材质编辑器】的【贴图】卷展栏提供了多种用来模拟不同物体表面特性的材质组件，如图 9-7 所示。

【贴图】卷展栏左侧的名称即是材质组件的名称。名称的后面有一个标着【None】的大按钮，单击这个按钮即可为当前材质组件指定贴图。通过设置【数量】的值，可以决定贴图对当前材质组件的影响程度。在材质组件名称的最前面有一个复选框，用来决定是否启用该贴图。

各种材质组件的特性说明如下。

图 9-7　材质组件

- **环境光颜色**：用来决定环境颜色对物体表面的影响。默认情况下，与【表面色】均处于锁定状态。通常不需要为其设置贴图。
- **漫反射颜色**：决定物体的表面颜色。
- **高光颜色**：决定物体表面高光的颜色。可以根据 UV 坐标，在平面软件中准确地绘制出物体不同部位的高光颜色贴图。
- **高光级别**：在模拟表面反光性质很强的材质时，通常需要将这个值提高。
- **光泽度**：在模拟表面反光性质很强的材质时，也通常需要将这个值提高。也可以通过贴图的灰度值来决定高光的强弱。在制作一些有机物体的模型时，如人物面部的高光反射，因为人的皮肤反光的特殊性质，使高光的分布位置非常微妙。所以，通常都需要在平面软件中根据模型的 UV 坐标绘制出高光强弱反映的位置。
- **自发光**：增加这个值，可以使材质自身产生发光效果。可以通过贴图的灰度值来定义发光的位置。当使用一张位图作为表面颜色贴图时，如果将该材质的自发光值设为 100，位图将不会受到场景中光线的影响，从而显示出原有的亮度。如果将【自发光】的值设置为 0，赋予材质的材质球将不会有太大的变化，如图 9-8 所示。
- **不透明度**：为了模拟玻璃、水等特性，需要将材质的透明度降得低一些。这时通常要增加高光和反射特性才会取得理想的效果。也可以通过位图的灰度值来代表透明度。在 3ds Max 中，位图上为纯黑色的位置表示完全透明，纯白色的位置表示完全不透明。
- **过滤色**：影响阴影穿过透明物体后显示出来的颜色。一般不需要为过滤色设置贴图。在【材质编辑器】的【扩展参数】卷展栏的【高级透明】选项组内设置【过滤色】的颜色，决定过滤色的颜色。默认是深灰色。

- **凹凸：** 在这个组件中设置贴图后，贴图中越接近白色的位置，物体越会产生向外凸起的效果；越接近黑色的位置，物体越会产生向内凹陷的效果，如图 9-9 所示。

　（a）自发光为 0 时　　　（b）自发光为 100 时

　　　图 9-8　自发光　　　　　　　　　　　图 9-9　在【凹凸】中指定贴图

- **反射：** 这是非常重要的一种材质特性，用来模拟材质对周围环境的反射效果，如镜子等。在 3ds Max 中，可以直接应用贴图作为反射的对象，也可以指定贴图反射，对周围的环境产生真实的反射效果。这里需要注意的是，因为反射后的材质会显得特别亮，所以通常会将带有反射性质的材质表面颜色设置得深一些。

- **折射：** 用来模拟物体透过玻璃或液体时产生的折射现象。只有在折射通道中使用专门的贴图才能模拟折射效果。在对物体应用折射后，物体将自动产生透明效果。在【材质编辑器】的【扩展参数】卷展栏设置【折射率】的值，可以模拟不同物质的折射效果。

- **置换：** 与【凹凸】贴图效果类似，贴图越接近白色的位置，物体会越产生向上凸起的效果，越接近黑色的位置会使物体越产生凹陷的效果。与【凹凸】不同的是，使用【置换】贴图会真的改变物体的形状，这一点同编辑器【置换】的作用相同，但只能在渲染时看到置换效果。默认情况下，很多物体对置换贴图不会有反应，这时需要在菜单栏选择【修改器】|【曲面】|【置换近似】命令。

9.4　贴图方式及其应用

　　虽然使用颜色也可以制作出很多不同的材质效果，但是使用贴图可以制作出更具个性的材质。一些贴图是将图像包裹到对象上，而另外一些贴图（如【位移】和【凹凸】）则是基于贴图的灰度来修改表面。贴图除了应用于材质之外，还可以应用于环境贴图和灯光投影贴图，即在渲染设置和灯光设置中设置贴图方式。

　　可以在【材质/贴图浏览器】对话框中选择所有可用的贴图，如图 9-10 所示。贴图方式一共有 6 种：2D 贴图、3D 贴图、合成器、颜色修改器、其他及全部。

　　　　　图 9-10　【材质/贴图浏览器】对话框

9.4.1 赋予物体贴图

赋予物体贴图的步骤如下。

Step 01 使用【球体】工具在【顶视图】中创建一个球体。

Step 02 按 M 键打开【材质编辑器】，选择一个新的材质样本球，在
【Blinn 基本参数】卷展栏内单击【漫反射】旁边的小方块按钮，如
图 9-11 所示，弹出【材质/贴图浏览器】对话框。

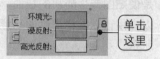

图 9-11 指定贴图

Step 03 在【材质/贴图浏览器】对话框中双击【位图】选项，弹出【选择位图图像文件】对话框。

Step 04 选择一张图片（如果资源有限，可以在 3ds Max 2011 安装目录下的 maps 文件夹中选择一
张图片），完成后单击 (将材质指定给选定对象) 按钮，这样就完成了指定贴图最基本的工作。
单击【材质编辑器】中的 (在视口中显示标准贴图) 按钮，注意观察材质球发生的变化，使用选
择并旋转工具调整图形。

Step 05 在【透视图】中按 Shift+Q 组合键，测试渲染结果，发
现物体的表面已经不再是单纯的颜色，如图 9-12 所示。

Step 06 在【材质编辑器】中单击 (重置贴图/材质为默认设
置) 按钮，会弹出【重置贴图/材质参数】对话框，选择【仅影
响编辑器示例窗中的材质/贴图】，单击【确定】按钮。这只是将
【材质编辑器】中的贴图删除，而不会影响视图中贴图。

图 9-12 给物体赋予【位图】图片

Step 07 当给材质指定贴图后，会发现【材质编辑器】下方的面
板发生了变化。这是因为当前处在子一级的贴图设置面板的原
因。如果想返回上一级面板，只要在【材质编辑器】中单击 (转到父对象) 按钮即可。

Step 08 返回上一级面板后，打开【Blinn 基本参数】卷展栏，会发现【漫反射】选项旁边的灰色方
块上标明了一个 M 字样，这说明已经为表面颜色指定了贴图。单击这个带有 M 字样的小方块，将
再次返回进行贴图设置的次一级面板。

9.4.2 调整贴图坐标

指定贴图后，往往还会有很多地方需要修改。例如，将一个地板图案的贴图指定给地面模型，
但因为贴图中的地板数量重复过少，这样就会感觉地面上只有几块地板，极不自然。实际上，只要
为贴图设置不同的贴图坐标，就可以任意控制贴图的显示。

在调整贴图坐标之前，首先要明确什么是 U、V。可以将
U、V 理解为贴图反映在物体表面上的不同方向，这和 X、Y
轴的概念类似。因为所有的贴图都是二维的，所以只有 U 轴和
V 轴两个方向。

为材质指定贴图后，【材质编辑器】的下面会自动显示出
贴图设置面板。这里一共有 5 个卷展栏，其中的【坐标】卷展
栏内可用来设置贴图的坐标，这里的设置如图 9-13 所示。

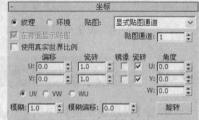

图 9-13 设置贴图坐标

> **注意**
>
> 如果既不选中【瓷砖】复选框，也不选中【镜像】复选框，那么就不会出现贴图重复的现象。这时，
> 如果将【瓷砖次数】的值增加到 1 以上，贴图会变小，小于 1 时，贴图会出现拉伸现象。

9.4.3 为贴图增加噪波效果

在贴图设置面板中，打开【噪波】卷展栏，该卷展栏的作用是使贴图产生随机的扭曲，类似 PhotoShop 中滤镜的作用。也可以应用该卷展栏提供的功能为贴图制作动画效果，设置如图 9-14 所示。

图 9-14 【噪波】卷展栏

> **注 意**
>
> 若将【大小】值设为 0.1，由于减小了噪波的形状，会使噪波看起来更锐利。在观看贴图动画的时候，因为材质球是圆的，所以会给演示带来困难。在【材质编辑器】内取消 ⚞⚟（显示最终结果）按钮的功能，可使观看贴图更直观。

9.4.4 设置贴图来源

使用贴图设置面板的【位图参数】卷展栏，可以对贴图的来源进行一些相关的设置，如图 9-15 所示。

选中【应用】复选框，单击【查看图像】按钮，查看当前的贴图。在查看贴图的画框内拖动调整贴图的大小，并调整到如图 9-16 所示的位置。其作用与设置【裁剪/放置】选项组内的 U、V 值的作用相同。

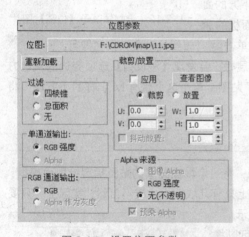

图 9-15 设置位图参数

图 9-16 调整贴图大小及位置

9.5 混合材质

单击【材质编辑器】中的 ▨（获取材质）按钮，在弹出的【材质/贴图浏览器】对话框中选择【混合】选项，可以进行混合材质的设置。

【混合】材质是指把两个单独的材质混合到一个表面上，在【混合基本参数】卷展栏中，包含两个子材质按钮和一个【遮罩】按钮，【混合量】允许加载贴图用以指定混合子材质的方法，贴图上黑色的区域显示材质 1 的材质，白色的区域显示材质 2，灰色的区域根据灰度混合两种材质。如图 9-17 所示，【混合曲线】定义了两个子材质边缘的过渡。

下面举例来说明混合材质的设置过程，详细步骤如下。

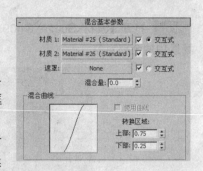

图 9-17　混合基本参数

Step 01 在【透视图】中创建一个球体，设置其【分段数】为 64。

Step 02 按 M 键打开【材质编辑器】，选择一个材质样本球，单击 (获取材质) 按钮，在弹出的【材质/贴图浏览器】对话框中选择【混合】选项。

Step 03 单击【材质 1】右侧的长按钮，设置其参数，在【反射高光】卷展栏中设置【高光级别】为 112，【光泽度】为 0，【柔化】为 0.5。

Step 04 在【贴图】卷展栏中单击【漫反射颜色】右侧的长按钮，在出现的对话框中选择【棋盘格】，并在【贴图】卷展栏中设置【漫反射颜色】的【百分比】值为 75。

Step 05 单击【材质编辑器】中的 (转到父对象) 按钮，单击【材质 2】右侧的长按钮，设置其参数，在【反射高光】卷展栏中设置【高光级别】为 28，【光泽度】为 33，【柔化】为 0.1。

Step 06 在【贴图】卷展栏中单击【漫反射颜色】右侧的长按钮，在出现的对话框中选择【平铺】，并在【贴图】卷展栏中设置【漫反射颜色】的【百分比】值为 50。

Step 07 单击【材质编辑器】中的 (转到父对象) 按钮，单击【遮罩】右侧的长按钮，在出现的对话框中选择【斑点】。

Step 08 单击【材质编辑器】中的 (转到父对象) 按钮，返回到最原始的参数设置，如图 9-18 所示，选中【使用曲线】复选框，设置【上部】为 1.0，【下部】为 0.4。

Step 09 单击【材质编辑器】中的 (将将材质指定给选定对象) 按钮，选择【透视图】，按 Shift＋Q 组合键，渲染得到如图 9-19 所示的效果，材质中的杂点是【遮罩】中的【斑点】效果，平铺纹理是【材质 2】中的【平铺】效果，球体分为明暗的 4 块是【材质 1】的【棋盘】效果。源文件参见【素材\Scene\Ch09\混合材质.max】。

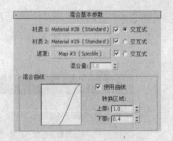

图 9-18　设置后的混合基本参数

图 9-19　混合材质效果

9.6　双面材质

本例将介绍双面材质的制作方法，其效果如图 9-20 所示。双面材质可以在物体内外表面分别指定两种不同的材质，并且可以控制它们的透明程度，如图中，包装的背面为白色材质，正面为蓝色材质，这是一种简单而典型的双面材质。在实际的工作中经常会使用到该制作方法。双面材质的设置非常简单，使用【环境光】和【漫反射】的 RGB 颜色设置物体的基本色，然后在使用【自发光】选项组下的颜色值来表现物体的质感。

图 9-20　双面材质效果

Step 01 打开【素材\Scene\Ch09\双面材质.max】，如图 9-21 所示。然后按 Ctrl+A 组合键，选择场景中的全部对象。

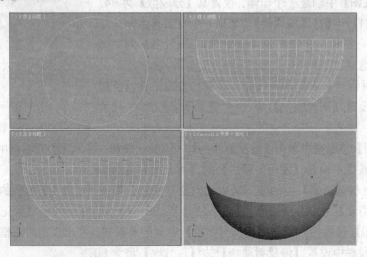

图 9-21　打开场景

Step 02 在工具栏中单击 按钮，打开【材质编辑器】，激活第一个材质样本球，并将其重命名为【双面材质】，然后单击材质名称栏右侧的 Standard 按钮，在打开的【材质/贴图浏览器】对话框中选择【双面】材质，然后单击【确定】按钮，如图 9-22 所示。此时会弹出【替换材质】对话框，单击【确定】按钮，如图 9-23 所示。

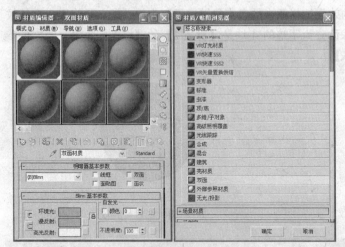

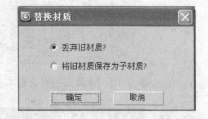

图 9-22　进行设置　　　　　　　　　　　　　　图 9-23　【替换材质】对话框

Step 03 在【双面基本参数】卷展栏中单击【正面材质】后面的材质按钮，进入正面材质层，参照如图 9-24 所示的参数进行设置。在【明暗器基本参数】卷展栏中，将阴影模式定义为【Blinn】。在【Blinn 基本参数】卷展栏中，将锁定的【环境光】和【漫反射】的 RGB 值设置为 156、189、255；将【自发光】选项组下的【颜色】值设置为 50。单击 按钮，返回到父材质层级。单击【背面材质】右侧的条形材质按钮，进入背面材质层。在【明暗器基本参数】卷展栏中将阴影模式定义为【Blinn】。在【Blinn 基本参数】卷展栏中将锁定的【环境光】和【漫反射】色的 RGB 值设置为 255、255、255；将【自发光】选项组下的【颜色】值设置为 50。

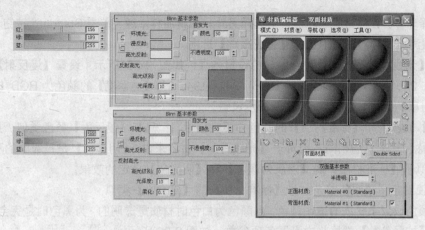

图 9-24　设置参数

注　意

【正面材质】：设置物体外表面材质。

【背面材质】：设置物体内表面的材质。

【半透明】的值用来混合【正面材质】和【背面材质】。如果【半透明】值设置为 0，双面材质将一种材质在正面而另一种材质在背面；【半透明】值在 0 到 50 之间时，将使两边混合，直到值达到 50；当值超过 50 时，混合背面材质多一些，其效果就像是反转了材质设置。这种效果逐渐增强，直到【半透明】值达到 100 时反置材质设置。

9.7　光线跟踪材质

　　光线跟踪一直被认为是 3D 绘图技巧的最高境界，可以在光亮表面、半透明表面和透明表面创建逼真的发射和折射效果。虽然光线跟踪能够产生很好的效果，但是所需要的渲染时间是任何人都不能忽视的。

　　作为一种绘图方法，光线跟踪最早开始于 20 世纪 80 年代，最初只是用于高速的工作站平台，后来才用于普通的台式计算机。光线跟踪就是一种算法，在现实生活中，一个光源（如太阳光、人造光源）发射出光线，光线在传播过程中碰到物体表面就会发生折射或者吸收，最后才到达人眼。光线跟踪一般是反方向工作的，不是从光源开始计算，而是开始于最后效果的图像，沿光线穿过画面的路径最后到达光源，这也是光线跟踪名称的来历。也许读者会奇怪为什么要这样做，这是因为从光源到最后的图像有无数的光线投射，而从图像到光源则可以保证所计算的光线最后都归结到图像。当光线穿过画面时，将所碰到的颜色、反射率、折射率和亮度等信息收集起来，然后由程序将这些信息进行组合，在光线经过的地方生成图像。

　　下面通过一个例子来说明【光线跟踪】材质的设置方法和过程，详细步骤如下。

Step 01　用【球体】工具在视图中创建一个球体，用【平面】工具在视图中创建一个平面，调整其位置，让球体处于平面的上方。

Step 02　选择平面，按 M 键打开【材质编辑器】，选择一个材质样本球，在【Blinn 基本参数】卷展栏中单击【漫反射】右侧的空白方块，在出现的【材质/贴图浏览器】对话框中选中【平铺】，在【坐标】卷展栏中将【瓷砖】的【U】值设置为 2，单击【材质编辑器】中的 (将材质指定给选定对象) 按钮，再单击 (在视口中显示标准贴图) 按钮，为平面赋予系统自带的【平铺】贴图。

Step 03 选择球体，在【材质编辑器】中选择另外一个材质样本球，单击 Standard 按钮，在出现的【材质/贴图浏览器】对话框中选择【光线跟踪】选项。

Step 04 在【光线跟踪基本参数】卷展栏中设置各项，如图 9-25 所示。设置【漫反射】的颜色为 RGB（0，0，255），【反射】的颜色为 RGB（242，194，0），【透明度】的颜色为 RGB（200，200，200），【折射率】为 1.1，其他参数按照图示设置。

【光线跟踪】的颜色和【标准材质】的颜色并不完全相同，只有【漫反射】颜色类似。虽然【阴影色】颜色名称和标准材质相同，但对于【光线跟踪】材质来讲，【阴影色】是被吸收的环境光的数量，白色类似于【标准材质】的【漫反射颜色】和【阴影色】锁定的效果。

【发光度】使对象用该颜色发光，与【标准材质】的【自发光】类似。

【透明度】颜色设置了材质的透明颜色，当颜色为白色时材质是透明的，为黑色时是完全不透明的。

Step 05 在【扩展参数】卷展栏中设置各项参数，如图 9-26 所示。

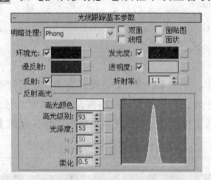

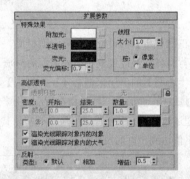

图 9-25　在【光线跟踪基本参数】卷展栏中设置参数　　图 9-26　在【扩展参数】卷展栏中设置参数

【光线跟踪】材质的扩展参数和【标准材质】的扩展参数有很大不同，提供了只有【光线跟踪】材质才可能有的特殊材质效果设置，其中只有【线框】设置和【标准材质】一样。

Step 06 在【光线跟踪器控制】卷展栏中设置各项参数，如图 9-27 所示。

进行光线跟踪计算需要花费很多时间，图 9-27 所显示的参数有助于解决这个问题。在【局部选项】选项组中可以禁用一些光线跟踪模式来降低计算量，如可以禁用【启用自反射/折射】；单击【局部排除】按钮，可以设置参与光线跟踪计算的对象；在【衰减末端距离】选项组中，可以设置反射和折射的衰减。

Step 07 单击【材质编辑器】中的 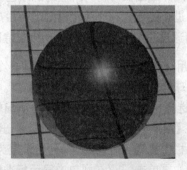（将材质指定给选定对象）按钮，选择【透视图】，按 Shift＋Q 组合键，渲染得到如图 9-28 所示的效果，可以看到球体中显示出了背景纹理，其中有衰减效果和折射效果。源文件参见【素材\Scene\Ch09\光线跟踪材质.max】。

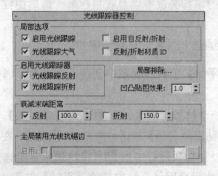

图 9-27　在【光线跟踪器控制】卷展栏中设置参数　　　图 9-28　光线跟踪效果

9.8 Ink'n Paint 材质

虽然三维模型的主要表现手法就是写实，但是有时候 Ink'n Paint 效果却是另外一种美感。在 3ds Max 的前期版本中制作卡通效果比较复杂，而从 3ds Max 5 开始提供的 Ink'n Paint 材质则可以方便地制作卡通效果。

Ink'n Paint 材质主要由【墨水】和【绘制】两部分组成，每个部分都有自身独立的选项，它们可以像其他材质一样，指定 3ds Max 中的材质和贴图。通过为【墨水】和【绘制】部分指定贴图，可以改变填色的纹理或勾边的厚度。物体的边、交叉线、子材质或光滑组的边缘都可以通过【墨水】描绘出来。

下面通过一个例子来介绍【墨水】和【绘制】的应用，详细步骤如下。

Step 01 在视图中创建 6 个球体，调整它们的位置，如图 9-29 所示。

Step 02 按 M 键打开【材质编辑器】，选择一个材质样本球，单击【获取材质】按钮，在出现的【材质/贴图浏览器】对话框中选择【Ink'n Paint】材质。

Step 03 在【绘制控制】卷展栏中设置参数，如图 9-30 所示；取消【墨水控制】卷展栏中的【墨水】选项，不对其进行描边，此时样本球如图 9-31 所示。

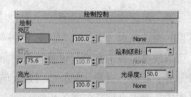

图 9-29 创建球体　　　　图 9-30 设置参数　　　　图 9-31 样本球效果

【绘制】选项组中的参数控制将颜色填充到物体的轮廓线内。填充的方式可以是基础的实色填充或双色填充方式，也可以指定贴图填充效果。取消所有的填充效果，可以制作只有勾边效果的单线条图像。

- **亮区**：其中【亮区】的颜色设置 Ink'n Paint 材质的填充色，是材质的基础颜色。如果【亮】和【高光】都不使用，将不进行任何填充，产生的是只有勾边效果的单线条图像。
- **暗区**：用于设置物体阴影部分的颜色。可以直接指定为基本材质颜色的百分比，也可以指定其他不同的颜色或贴图。
- **绘制级别**：控制色阶的数量，用于指定显示在【亮区】部分的基础色【绘制】的数量。其值为 1 时，创建一个根本没有阴影效果的均匀填色表面，即实色填充。
- **高光**：设置开启或关闭高光效果。开启后，还可以在这里指定高光颜色。
- **光泽度**：与【标准材质】的【光泽度】具有相同的含义，主要用于改变【光泽度】的大小，取值越小，产生的高光面积越大。

Step 04 把刚编辑的材质赋予最底下的两个球体。

Step 05 选择【材质编辑器】中另外一个材质样本球，单击【获取材质】按钮，在出现的【材质/贴图浏览器】对话框中选择【Ink'n Paint】材质。

Step 06 其设置同第一个材质样本球的设置基本一样。在【绘制控制】卷展栏中，设置【绘制级别】为 4，【光泽度】为 50，将【亮区】的颜色设置为紫红色，取消选中【暗区】复选框，并将其颜色设置为蓝色，如图 9-32 所示。

Step 07 将刚编辑的材质赋予中间的那个球体。

Step 08 选择【材质编辑器】中的第 3 个材质样本球，单击【Standard】按钮，在出现的【材质/贴图浏览器】对话框中选择【Ink'n Paint】材质。

Step 09 取消【绘制控制】卷展栏中的各项设置，只要一种描边效果。

Step 10 在【墨水控制】卷展栏中设置各项参数，如图 9-33 所示。选中【墨水】和【可变宽度】复选框，设置【墨水宽度】中的【最小值】为 4，【最大值】为 24，设置【轮廓】的颜色为灰色，【重叠】的颜色为紫红色，设置【重叠偏移】为 1，取消其他选项的设置。

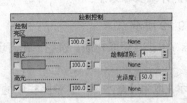　　　　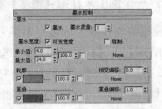

图 9-32　设置【绘制控制】卷展栏中的参数　　　图 9-33　设置【墨水控制】卷展栏中的参数

【墨水控制】卷展栏中的各个参数主要用来控制卡通材质周围的勾线。

- **墨水：**设置是否使用勾边效果。
- **墨水宽度：**提高边界的观测质量，但会增加渲染时间。
- **可变宽度：**不选中【可变宽度】复选框时，勾边的勾线宽度是一定的，即【最小值】的取值。选中【可变宽度】复选框以后，可以改变勾线的宽度，设置其粗细。【最小值】作用于【亮区】部分，【最大值】作用于【阴影】部分。此外，【最小值】、【最大值】文本框右侧的贴图按钮还可以为勾线宽度指定贴图，通过贴图的灰度程度调节勾线的粗细。
- **轮廓：**物体在背景或其他物体上的外边缘。
- **相交偏移：**用来设置两条相交勾线的前后位置。
- **重叠：**当物体与自身一部分相交时使用。
- **重叠偏移：**用于设置【重叠】勾线距离其后面表面的远近。负值表示勾线远离视点，正值表示靠近视点。

Step 11 把刚才创建的材质赋予上面 3 个球体，选择【透视图】选项，按 Shift＋Q 组合键，渲染得到如图 9-34 所示的 Ink'n Paint 材质效果。源文件参见【素材\Scene\Ch09\Ink'n Paint 材质.max】。

图 9-34　Ink'n Paint 材质效果

9.9　贴图坐标的应用

在【材质编辑器】中，【坐标】卷展栏是所有贴图共有的，每个贴图都定义了一个贴图坐标。所有的贴图坐标都基于一个 UVW 坐标系，这个坐标系和读者所熟悉的 XYZ 坐标系是等同的，只不过 UVW 的坐标原点会随着模型的移动而改变。

下面从两个方面来分析贴图坐标的应用，这两个方面是【材质编辑器】的【坐标】卷展栏、常用的针对贴图的编辑器——【贴图坐标】（UVW Map）编辑器。

9.9.1　【材质编辑器】的【坐标】卷展栏

由于【材质编辑器】的【坐标】卷展栏比较容易掌握，所以这里只是进行简要的介绍，具体参数的设置在后面的例子中都会应用到。卷展栏如图 9-35 所示。

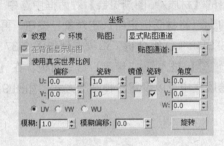

图 9-35　【材质编辑器】的【坐标】卷展栏

在【材质编辑器】的【坐标】卷展栏中，可以指定该贴图是作为纹理贴图还是环境贴图。【纹理】贴图可以用于模型表面，当模型移动时贴图也一起移动；【环境】贴图将被锁定在世界坐标系里，移动应用了环境贴图的模型时，贴图将在模型表面滚动，这在创建流体时会有帮助。

【环境】贴图选项包含了【球体环境】、【柱形环境】、【收缩包裹环境】和【屏幕】4 种贴图。应用【球体环境】贴图后，整个场景就像包含在一个巨大的球内，在制作天空背景时很有用。应用【收缩包裹环境】，则像给场景盖了一层毯子。

U 和 V 的【偏移】值定义了贴图的 X 值和 Y 值；【瓷砖次数】只有在选中【瓷砖】复选框时有效，定义了贴图重复的次数，如图 9-36 所示就是设置了不同的重复次数得到的效果；【镜像】用于设置翻转贴图；UV、VW 和 WU 选项用于将贴图应用到不同的平面上。

图 9-36　定义贴图不同的重复次数

在【角度】相应的文本框中输入数值，可以在 U、V 和 W 轴方向旋转贴图，或者单击【旋转】按钮旋转贴图。

【模糊】和【模糊偏移】选项的值将影响图像的模糊程度，【模糊】是基于到视图的距离来对图像进行模糊的，距离越远图像越模糊，而【模糊偏移】则与距离无关。

> **提 示**
> 在调节贴图坐标时，将材质赋予模型，然后单击▧（在视口中显示标准贴图）按钮使图像在模型表面显示，这样就可以一边观察一边调节贴图坐标，以达到最佳效果。如果视图中没有显示，按 F3 键切换视图的显示模式即可。

9.9.2 【贴图坐标】编辑器的应用

除了可以在【材质编辑器】的【坐标】卷展栏中修改贴图坐标之外，还可以使用专门针对贴图的编辑器如【贴图坐标】修改器、【曲面贴图】修改器、【贴图缩放空间扭曲】修改器、【编辑贴图坐标】修改器和【UVW 贴图增加】修改器等来指定和修改贴图坐标。

下面通过一个例子来说明使用【贴图坐标】（UVW Map）修改器调整贴图坐标的具体方法，详细步骤如下。

Step 01 在【顶视图】中创建一个球体。

Step 02 按 M 键打开【材质编辑器】，在【贴图】卷展栏单击【漫反射颜色】右侧的长按钮，在弹出的【材质/贴图浏览器】对话框中选中【平铺】。单击【材质编辑器】中的 （转到父对象）按钮和 （将材质指定给选定对象）按钮，再单击 （在视口中显示标准贴图）按钮，选择【透视图】，按 Shift＋Q 组合键，渲染得到如图 9-37 所示的效果。

Step 03 进入 （修改）命令面板，在【修改器列表】中选择【UVW 贴图】编辑器，在【参数】卷展栏中可以设置各种贴图方式，如图 9-38 所示。其中，包括平面、柱形、球形等。

图 9-37 贴图效果

图 9-38 各种贴图方式

Step 04 这里选择【柱形】方式，得到如图 9-39 所示的效果。在编辑器堆栈中单击【UVW 贴图】编辑器前面的＋号，进入【Gizmo】次级模式，然后可以使用工具栏中的 （选择并移动）、 （选择并均匀缩放）、 （选择并旋转）按钮来修改其形状。

Step 05 选择工具栏中的 （选择并均匀缩放）按钮，对边界进行缩小，得到如图 9-40 所示的效果。源文件参见【素材\Scene\Ch09\贴图编辑器的使用.max】。

图 9-39 以【柱形】方式贴图

图 9-40 调整后的效果

Step 06 如果需要对贴图进行更加详细的调整，可以利用面板中的各种参数设置。

　　分析大多数的模型可以发现，模型的某部分轮廓总是属于平面、柱形、球体中的一种。为模型指定贴图时，在确定了模型的整体属于哪种类型之后，需要将其划分为独立的模型（平面、柱形或球体），然后分别添加贴图坐标。

9.10　贴图类型

　　3ds Max 中有 30 多种贴图，它们可以根据各自的使用方法来进行划分。在不同的贴图通道中使用不同的贴图，各自产生的效果也各不同。本节介绍一些常用的贴图类型，如【漫反射颜色】、【高光颜色】、【折射】以及【反射】等。在【贴图】卷展栏中，单击任何一种通道右侧的【None】按钮，都会弹出【材质\贴图浏览器】对话框，如图 9-41 所示。

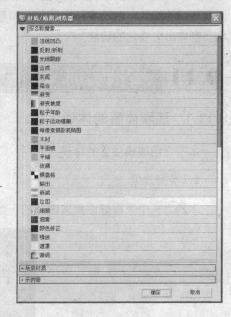

图 9-41　材质贴图浏览器

9.10.1　位图贴图

　　位图贴图是将位图贴图图像文件作为贴图文件的应用，它支持各种类型图像和动画格式，如 AVI、BMP、TIF 格式等。位图贴图的应用范围十分广泛，通常应用在漫反射贴图通道、反射贴图通道、折射贴图通道中。

　　在【位图参数】卷展栏中包括 3 个不同的过滤方式：【四棱锥】、【总面积】和【无】。它们使用像素平均值来对图像进行抗锯操作，如图 9-42 所示。

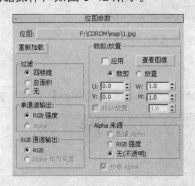

图 9-42　位图贴图的参数和效果

9.10.2　噪波贴图

　　噪波是一种用来模拟物理的贴图类型，将它放置在凹凸贴图通道中，一般可以创造出凹凸不平的表面，其参数卷展栏如图 9-43 所示，其中最下面的两个色块是用来指定颜色，其中【噪波类型】可以定义噪波的类型，在【噪波阈值】选项组中设置噪波的【大小】、【相位】等参数。

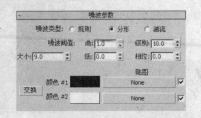

图 9-43　噪波参数卷展栏图

9.10.3　平铺贴图

　　平铺贴图是专门用来制作砖块效果的，它通常用在漫反射颜色贴图通道中，也可以在凹凸贴图通道中使用。它的参数面板中的【标准控制】卷展栏包含【预设类型】下拉列表，其中包括经常用到的几种砖块模型，如图 9-44 所示。在【高级控制】卷展栏中，可以在选择的模块的基础上对砖块的颜色进行设置，以及砖缝的颜色、粗糙度、水平间距和垂直间距等进行设置，从而制作出个性化的砖块。

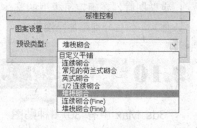

9-44　砖块模式

9.11　案例实训

9.11.1　玻璃质感的体现

　　本节介绍玻璃质感的体现。

1．实例效果

　　本例为一个手提灯设置玻璃质感，如图 9-45 所示。

图 9-45　手提灯设置玻璃质感

2．操作过程

Step 01　运行 Max 软件，打开【素材\Scene\Cha09\玻璃质感体现.max】文件，如图 9-46 所示。

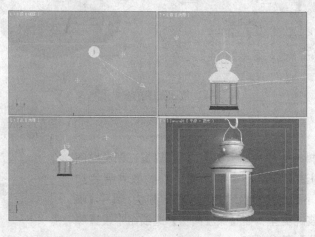

图 9-46　打开的场景

Step 02 在打开的场景中按 H 键，在弹出的【从场景选择】
对话框中选择【玻璃 01—玻璃 06】对象，单击【确定】
按钮，如图 9-47 所示。

Step 03 按 M 键打开【材质编辑器】，选择一个新的材质
样本球并将其命名为【玻璃】，在【明暗器基本参数】卷
展栏中将明暗器类型定义为【多层】，并选中【双面】复
选框；在【多层基本参数】卷展栏中将【环境光】和【漫
反射】的 RGB 值设置为 207、187、154；将【自发光】
选项组中的【颜色】设置为 100，将【不透明度】设置为
10；在【第一高光反射层】选项组中将【颜色】RGB 设
置为 156、199、194；将【级别】、【光泽度】和【各向异
性】分别设置为 114、66 和 82；在【第二高光反射层】
选项组中将【级别】和【光泽度】分别设置为 15 和 0；

图 9-47 选择对象

在【扩展参数】卷展栏中将【高级透明】选项组中的【数量】设置为 50，将【过滤】后的颜色 RGB
值设置为 141、202、203，如图 9-48 所示。

Step 04 在【贴图】卷展栏中单击【自发光】后面的【None】按钮，在弹出的【材质/贴图浏览器】
对话框中选择【衰减】贴图，单击【确定】按钮，进入衰减参数面板，使用默认参数即可，如图 9-49
所示。

图 9-48 设置玻璃材质

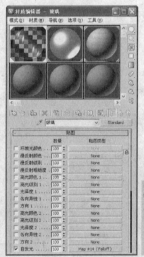

图 9-49 设置衰减贴图

Step 05 返回到主级材质面板，在【贴图】卷展栏中单击【过滤色】后面的【None】按钮，在弹出
的【材质/贴图浏览器】对话框中选择【位图】贴图，单击【确定】按钮，在弹出的对话框中打开
【素材\map\拉丝.jpg】文件，单击【确定】按钮进入位图参数面板。在【坐标】卷展栏中将【瓷
砖】下的 U、V 值分别设置为 0.5 和 0.8；将【模糊】设置为 0.8，在【位图参数】卷展栏中将【裁
剪/放置】选项组中的【U】设置为 0.041，设置材质完成后将其指定给选定对象，如图 9-50 所示。

 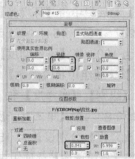

图 9-50 设置位图

9.11.2 黄金质感

1. 实例效果

本例为一个项链设置黄金质感，如图 9-51 所示。

2. 操作过程

Step 01 运行 Max 软件，打开【素材\Scene\Ch09\黄金质感.max】
文件，如图 9-52 所示。

图 9-51 黄金质感

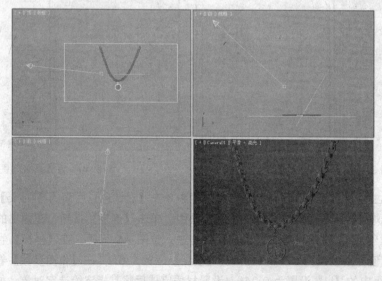

图 9-52 打开的场景

Step 02 在打开的场景中按 H 键，在弹出的【从场景选择】对话框中选择【项链】对象，单击【确
定】按钮，如图 9-53 所示。

Step 03 按 M 键打开【材质编辑器】，选择一个新的材质样本球并将其命名为【黄金】。在【明暗器基本参数】卷展栏中，将明暗器类型定义为【金属】；在【金属基本参数】卷展栏中，将【环境光】和【漫反射】的 RGB 值设置为 235、156、30；将【反射高光】选项组中的【高光级别】和【光泽度】分别设置为 205 和 80，如图 9-54 所示。

Step 04 在【贴图】卷展栏中，将【凹凸】后的【数量】值设置为 15，单击后面的【None】按钮，在弹出的【材质/贴图浏览器】对话框中选择【噪波】贴图，单击【确定】按钮，进入噪波参数面板。在【噪波参数】卷展栏中，将【噪波类型】定义为【湍流】，将【大小】设置为 5，在【坐标】卷展栏中将【瓷砖】下的 X、Y、Z 值分别设置为 40、40、40，如图 9-55 所示。

图 9-53 选择对象

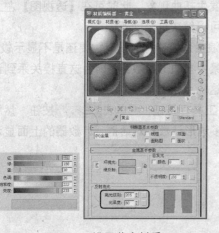

图 9-54 设置黄金材质

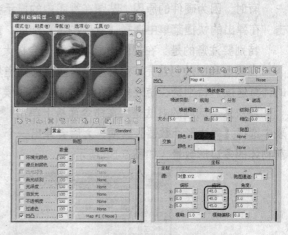

图 9-55 设置噪波参数

Step 05 返回到主级材质面板。在【贴图】卷展栏中单击【反射】后面的【None】按钮，在弹出的【材质/贴图浏览器】对话框中选择【位图】贴图，单击【确定】按钮，在弹出的对话框中打开【素材\map\LAKEDUSK.jpg】文件，单击【确定】按钮进入位图参数面板，使用默认参数即可，设置材质完成后将其指定给选定对象，如图 9-56 所示。

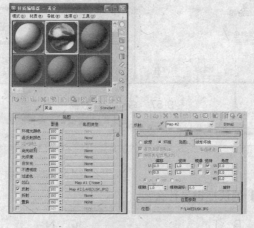

图 9-56 设置位图

9.12 本章小结

本章主要讲述了材质与贴图的知识，其中包括【材质编辑器】的应用、材质的基本类型与属性、贴图方式和应用，以及给物体赋予材质的一般过程。除了标准材质之外，还可以为特定的模型使用特殊的高级材质，如【混合】材质、【Ink'n Paint】材质等。掌握这些材质的应用是本章的重点内容。

通过本章的学习，使读者了解在 3ds Max 2011 中创建材质与贴图的相关命令、方法和过程。如何让材质和模型的细节配合，在制作复杂模型时显得尤为重要，而贴图坐标可以控制材质在模型上的位置和显示方式。有关【UVW 贴图】修改器的应用一定要熟练掌握。

9.12.1 经验点拨

有时，因为硬件的原因，贴图在视图中的显示会发生扭曲现象。此时可在【透视图】左上角右击，在弹出的快捷菜单中选择【纹理校正】选项，就可以解决这个问题。

特别要注意的是，在视图中显示出贴图会极大地浪费系统资源，没有需要还是不显示较好。

在模型和材质创建完毕后，总是希望能够知道场景中多边形的数量，因为这直接关系到计算机的计算速度，特别是在游戏角色和场景制作的时候，这一点尤为重要。

解决这一问题的方法是，在命令面板上单击 ⚒ （工具）按钮，再单击 更多... 按钮，然后从列表中选择【多边形计数器】选项。之后会弹出一个【多边形计数】对话框，计数器的上面显示了当前物体的多边形数量，如图 9-57 所示。

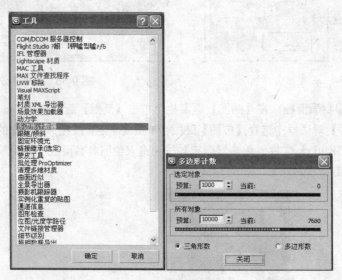

图 9-57 多边形计数器

9.12.2 习题

一、选择题

1. 打开【材质编辑器】的快捷键是什么？（　　　）

A. M　　　　　　　　B. T　　　　　　　　C. N　　　　　　　　D. P

2. 3ds Max 2011 一共有多少种类型的材质和着色器？（　　）

A. 13 和 6 　　　　　B. 20 和 8 　　　　　C. 15 和 6 　　　　　D. 13 和 8

3. 需要看到背面材质时，通常选择哪一种材质类型？（　　）

A. 混合材质 　　　　B. 双面材质 　　　　C. 复合材质 　　　　D. 光线跟踪

4. 本章中提及了几种修改贴图坐标的方法？（　　）

A. 6 种 　　　　　　B. 3 种 　　　　　　C. 7 种 　　　　　　D. 5 种

二、简答题

1. 哪一种材质类型用于创建卡通材质效果？哪一种材质类型专门用做建筑方面的材质？

2. 简单叙述【UVW 贴图】编辑器和【UVW 展开】修改器的区别。

三、操作题

1. 操作【材质编辑器】面板上的各选项，查看每一个选项的功能。

2. 创建一个模型，赋予【材质/贴图浏览器】对话框中的每一种材质贴图，并观看效果。

第10章

灯光与渲染

本章导读

本章主要讲解灯光与渲染。现实生活中，光是不可缺少的资源，它可以让人们时时刻刻感受到生命和色彩的存在。在 3ds Max 中，照明不像现实生活中那么简单，它需要调整角度和参数，以达到想要的效果。通过本章的学习，可以让读者的作品达到理想的视觉效果。

知识要点

- ❂ 灯光的基本操作
- ❂ 灯光的排除或包含
- ❂ 灯光的衰减
- ❂ 灯光的贴图效果
- ❂ 光跟踪器

- ❂ 真实灯光类型
- ❂ 设置真实灯光的颜色和强度
- ❂ 设置阴影
- ❂ 阴影类型
- ❂ 创建真实灯光

- ❂ 灯光的环境效果
- ❂ 光能传递的准备工作
- ❂ 设置光能传递
- ❂ 真实的阴影

10.1 灯光的基本操作

在使用 3ds Max 的灯光之前，先了解一下创建灯光面板。在 ▧（创建）命令面板中单击 ▨（灯光）按钮，即可显示出创建灯光面板。从中可以选择任何一种需要的灯光，如图 10-1 所示。选择所需要的灯光后，在视图中单击或者单击并拖动鼠标就可以创建所需的灯光系统。

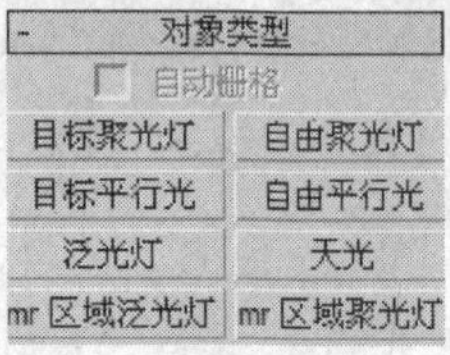

3ds Max 不限制灯光的数量。也就是说，可以在视图内创建多个灯光，也可以在视图内移动灯光的位置，观察场景中光线发生的变化。

—	对象类型	
	☐ 自动栅格	
目标聚光灯		自由聚光灯
目标平行光		自由平行光
泛光灯		天光
mr 区域泛光灯		mr 区域聚光灯

图 10-1　创建灯光面板

下面通过实例来说明灯光的具体运用，详细步骤如下。

Step 01 打开【素材\Scene\Ch10\Light.max】文件，在场景中放置 3 种灯光，分别是【目标平行光】、【目标聚光灯】和【泛光灯】，如图 10-2 所示。

Step 02 调整视图角度，观察泛光灯的位置，发现泛光灯处在房间之外。选择【泛光灯】，将其移动到房间中央，注意光线的变化。

Step 03 打开 ▨（修改）命令面板，在【常规参数】卷展栏内（如图 10-3 所示）取消选中【灯光类型】选项组中的【启用】复选框，会发现灯光的作用消失了。再次选中【启用】复选框，灯光又恢复了照明。当创建了一种标准灯后，可以在 ▨（修改）命令面板下的【常规参数】卷展栏的【灯光类型】选项组中将当前灯光修改为其他任意类型的灯光。

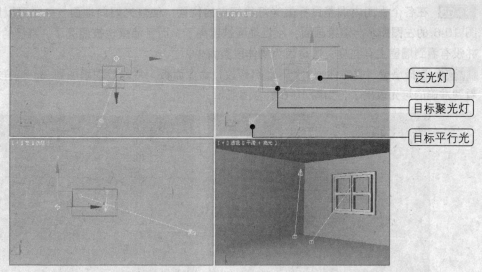

图 10-2　创建的 3 种类型的光源

Step 04 打开【强度/颜色/衰减】卷展栏，如图 10-4 所示，调整【倍增】的值。增加这个值时，光线会变强；反之，光线会变弱。

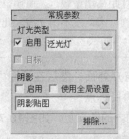

图 10-3　【常规参数】卷展栏

图 10-4　【强度/颜色/衰减】卷展栏

Step 05 默认情况下，所有的灯光颜色均为白色。单击【倍增】右边的色块，打开颜色拾取器，给灯光定义一种其他颜色。此处需要注意 3ds Max 颜色的选择方法，如图 10-5 所示。

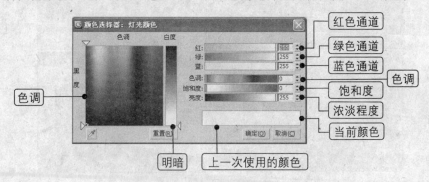

图 10-5　选择颜色

Step 06 选择【目标聚光灯】光源，在各个视图内调整，将其移动到房间内。注意，目标点并没有移动。

Step 07 在视图内右击，从弹出的快捷菜单中选择【选择灯光目标】选项，快速选择目标聚光灯的目标点。

Step 08 在各个视图内调整目标聚光灯目标点的位置，使灯光照向地面，并且可以照到墙壁，如图 10-6 的左图所示。渲染画面，不但地面被照亮了，而且墙壁也被照亮了。奇怪的是，在视图内并没有看到墙壁上有亮度，这是因为物体段数太少。

Step 09 选择墙壁（立方体），打开 ✐（修改）命令面板，将段数均增加到 5。这样就能在视图内看到准确的灯光效果了，如图 10-6 的右图所示。

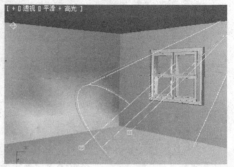

图 10-6 光线显示变化

> **注 意**
>
> 如果目标聚光灯照射不到墙壁，一般有两种原因：一是聚光灯距离墙壁较远，照明范围不在墙壁之内；二是聚光灯离墙壁太近，可能有一部分已经进入到墙壁内侧，因此发不出光线，此时仔细调节一下即可。

Step 10 选择【目标平行光】，在各个视图内调整，将其移动到窗户外面。然后在视图内右击，从弹出的快捷菜单中选择【选择灯光目标】选项，选择目标平行光的目标点。

Step 11 调整目标平行光目标点的位置，使光源从上方照射到房间内的地面上，如图 10-7 所示。

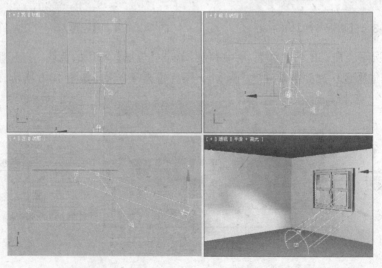

图 10-7 调整目标平行光

Step 12 进行渲染，发现目标平行光投在地面上的是一个圆球形的光源，很不自然。

Step 13 再选择【目标平行光】并右击，在弹出的快捷菜单中选中【投影阴影】选项，如图 10-8 所示。这样灯光会像真实光线一样进行投影。如果看不到阴影效果，在各个视图中调整目标平行光的位置和方向，直到产生阴影为止。

仔细观察【目标平行光】或【目标聚光灯】来标识照明范围的线框。这个线框分为两层，默认情况下，外层的线框和内层的线框距离较近，所以不容易察觉。内层的线框范围代表光线实际的照明范围，外层的线框代表光线衰减的范围。如果光线的衰减范围与实际照明范围比较接近，那么灯光在照明时，光线的边界将会十分清晰。如果光线的衰减范围与实际照明范围距离较大，那么光线的边界就会变得柔和，如图 10-9 所示。

图 10-8　增加投影

图 10-9　不同的照明效果

接下来为【目标平行光】设置照明范围。

Step 14　选择【目标平行光】，进入 ⌧ (修改) 命令面板，打开【平行光参数】卷展栏，如图 10-10 所示。

Step 15　增加【聚光区/光束】的值，可增加平行光的照明范围。增加【衰减区/区域】的值，则增加平行光的衰减范围。

图 10-10　设置平行光的照明范围

> **注 意**
>
> 实际照明范围不可能大于衰减照明范围。衰减照明范围比实际照明范围越大，光线就会产生越柔和的边缘。

Step 16　在【透视图】左上角右击【透视】，从弹出的快捷菜单中选择【灯光】选项，弹出切换视图的级联菜单。这时多出了 Spot001 和 Direct001 两种新类型的视图，如图 10-11 所示。

Step 17　选择 Direct001 选项，进入平行光视图。这是一种特殊的视图类型，允许从灯光的角度来观察场景。注意导航区发生的变化，如图 10-12 所示。进入灯光的视图主要是为了方便调整灯光照明的方向和照明范围，除此之外没有什么意义。

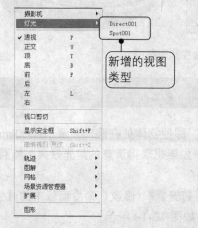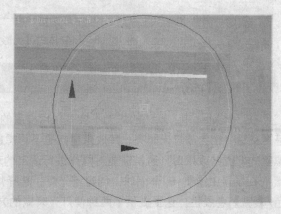

图 10-11　新增的视图类型　　　　图 10-12　平行光视图

Step 18 在平行光视图中按 P 键,快速返回【透视图】,并调整透视图。源文件参见【素材\Scene\Ch10\Light ok.max】。

10.2 灯光的排除或包含

上一节讲述了灯光的一些基本操作,本节将详细讲解有关灯光基础知识的其他内容。

在 3ds Max 中,可以将任意一个物体排除在灯光的照明范围之外,也可以将某个灯光专门用于照明特定的物体,具体操作方法如下。

Step 01 打开【素材\Scene\Ch10\咖啡杯.max】文件,选择灯光源,在 ☑ (修改)命令面板的【常规参数】卷展栏中单击【排除】按钮,打开【排除/包含】对话框。该对话框左侧列表框中所显示出的名称是当前场景中物体的名称,右侧列表框内的名称是将要进行设置的物体名称。

Step 02 在左侧列表框中双击【咖啡杯】,该名称会出现在右侧的列表框中。这时,对话框中提供的选项将对该物体产生作用。默认情况下,在对话框上选中的是【排除】单选按钮,右侧列表框中的物体不会接收到该灯光的照明。如果选中【包含】单选按钮,则当前灯光只会照明到右侧列表框中的物体。

Step 03 选中【照明】单选按钮,代替默认的【二者兼有】单选按钮,则只会影响到灯光的照明效果,而不会影响到阴影。如果选中【投射阴影】单选按钮,将只会影响到灯光对阴影的作用。这里选中【投射阴影】单选按钮,咖啡杯将产生阴影效果,如图 10-13 所示。

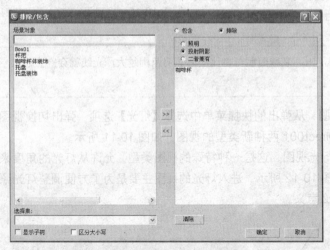

图 10-13 将物体的【阴影】排除在照明范围之外

10.3 灯光的衰减

在 3ds Max 中,默认的灯光不会有任何程度的衰减,即使物体处在距离光源 10 000km 以外,甚至更远,也会被灯光照亮。其效果显然是不可想象的。如果想取得满意的灯光效果,特别是在模拟室内灯光的效果时,通常需要对灯光进行适当的衰减。

在场景中绘制 8 个小球,创建泛光灯,选择灯光,打开 ☑ (修改)命令面板中的【强度/颜色/衰减】卷展栏。这里提供了两种使灯光衰减的方法,如图 10-14 所示。

在【衰退】选项组的【类型】下拉列表框中
选择【倒数】或【平方反比】选项即可使灯光衰
减。【平方反比】衰减方式比【倒数】衰减方式
的效果略强一些。确定了衰减方式后，设置【开
始】的值，确定衰减的起始位置。注意，无法准
确地确定灯光的结束位置。

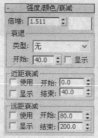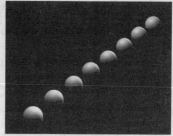

图 10-14　设置灯光衰减

在【近距衰减】或【远距衰减】选项组中选
中【使用】复选框，应用近距或远距衰减设置。
然后，设置【开始】的值确定衰减的起始位置，设置【结束】的值确定灯光的结束位置。

对于近距衰减来说，衰减的结束位置越接近远距衰减的起始位置，衰减效果就会越明显。如果
将近距衰减的起始值设在大于 0 的位置上，那么光源的起始位置也会向前作相应的偏移。

对于远距衰减来说，衰减的距离越远，衰减的程度越弱；反之，衰减的程度越强。

> **注　意**
>
> 如果近距的衰减强于远距的衰减，很可能会造成近处的光线弱于远处的光线。

10.4　灯光的贴图效果

默认的灯光颜色为纯白色，适合大部分光效的需要。在 3ds Max 2011 中，不但能为灯光更改
颜色，而且可以为灯光的颜色指定贴图。这通常用于制作一些特殊的效果，如模拟树叶的投影等。
下面说明具体的操作方法。

Step 01　打开【素材\Scene\Ch10\shadowmap.max】文件。

Step 02　在场景中选择【目标聚光灯】，打开　（修改）命令面板中的【聚光灯参数】卷展栏，选
中【矩形】单选按钮，使聚光灯的形状变为矩形。

Step 03　打开【高级效果】卷展栏，勾选【贴图】左侧的复选框，在【投影贴图】选项组中单击【贴
图】右侧的【无】按钮，为灯光选择一个贴图。这里使用一个灰泥贴图。贴图中越接近白色的位置，
光线会越强；反之，光线越弱。此时【高级效果】卷展栏的参数如图 10-15 所示。

Step 04　现在渲染画面。灯光因为贴图产生了树荫一样的效果，如图 10-16 所示。源文件参见【素
材\Scene\Ch10\shadowmapok.max】。

图 10-15　【高级效果】卷展栏的参数

图 10-16　灯光的贴图效果

10.5 灯光的阴影效果

阴影是反映画面明暗效果的关键，如果不能很好地控制阴影对画面产生的影响，那么将很难取得高品质的画面质量。

10.5.1 设置阴影

在场景中选择灯光，并在 （修改）命令面板的【阴影参数】卷展栏中对阴影的颜色、密度等进行如图 10-17 所示的设置。

- **颜色：** 设置阴影的颜色，大部分情况下默认黑色即可。
- **密度：** 设置阴影的强度，如果觉得阴影的颜色太深，可以适当降低数值。

10.5.2 切换阴影类型

在 3ds Max 2011 中，一共提供了 7 种不同类型的阴影。其中，【Mental Ray 阴影贴图】是从 3ds Max 6 开始加入的。选择灯光后，打开 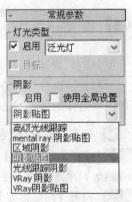（修改）命令面板的【常规参数】卷展栏，可以在【阴影】选项组的下拉列表框中切换阴影的类型，如图 10-18 所示。

图 10-17 设置阴影参数

1. 阴影贴图

默认情况下，看到的灯光所投射出来的阴影实际上是使用贴图实现的，因此称为阴影贴图。这种类型的阴影只适合制作室内场景，不适合制作外景。

选择灯光后，打开 （修改）命令面板的【阴影贴图参数】卷展栏，可以通过以下方法来影响阴影贴图的特性。

图 10-18 切换阴影类型

- 增加【大小】的值，可以提高阴影贴图的渲染质量。
- 增加【采样范围】的值，可以使阴影的边缘产生更加柔和的效果，如图 10-19 所示。

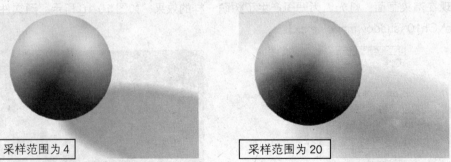

图 10-19 柔和阴影

2. 光线跟踪阴影

使用光线跟踪类型的阴影可以营造出最真实、最准确的阴影。这种类型的阴影可以产生非常明显的阴影边缘，适合于模拟室外场景中的阴影效果。

因为使用光线跟踪类型的阴影时计算量很大，所以不得不考虑最终的渲染速度。选择灯光后，在 🖊 （修改）命令面板的【光线跟踪阴影参数】卷展栏中增加【最大四元树深度】的值，会相对提高一些渲染速度。这个值的最大值为 10，默认值为 7。

光线跟踪阴影还有一个重要的作用，即计算物体的透明度。这一点是使用阴影贴图无法实现的，如图 10-20 所示。

光线跟踪阴影

阴影贴图

图 10-20　光线追踪阴影与阴影贴图的比较

3．区域阴影

区域阴影与阴影贴图的某些特性非常相似，只是区域阴影提供了更多的功能。使用区域阴影可以产生真实的阴影衰减效果，而前面介绍的两种阴影是做不到这一点的。区域阴影的具体设置方法如下。

Step 01 打开【素材\Scene\Ch10\区域阴影.max】文件，选择【目标聚光灯】后，打开 🖊 （修改）命令面板的【常规参数】卷展栏，将阴影的类型定义为【区域阴影】。

Step 02 打开【区域阴影】卷展栏，在【基本选项】选项组的下拉列表框中选择一种灯光形状。注意，这里所选择的灯光形状是模拟该形状的灯光所发出的阴影形状。默认选项为【长方形灯光】，模拟这种形状的灯光阴影可以使阴影产生衰减效果，如图 10-21 所示。

图 10-21　阴影衰减

Step 03 在【抗锯齿选项】选项组中增加【采样扩散】的值，可以使阴影的边缘更柔和。增加【抖动量】的值，可以使阴影产生更强的扩散效果。这时，阴影可能会出现很严重的颗粒现象，可以增加【阴影质量】的值，提高阴影的质量。

Step 04 在【区域灯光尺寸】选项组中可以设置灯光形状的长度和宽度等数值，这些都会影响到阴影的形状。

4．高级光线跟踪阴影

高级光线跟踪阴影拥有比普通光线跟踪阴影更多的特性。在 🖊 （修改）命令面板的【高级光线跟踪参数】卷展栏中选择【双过程抗锯齿】选项，这样可以对阴影计算两次。增加【阴影扩散】的值即可使光线跟踪类型的阴影产生柔和的边缘。这时可能需要增加【阴影质量】的值，以便提高阴影的质量。

5. Mental Ray 阴影贴图

在【Mental Ray 阴影贴图】卷展栏中只有 3 个参数:【贴图大小】、【采样范围】和【采样】。【贴图大小】和【采样范围】用于控制灯光阴影的影响范围,【采样】用于提高阴影的质量。

10.6 灯光的环境效果

3ds Max 除了提供建模、制作动画等功能以外,还提供了很多营造环境效果的工具。例如,可以制作火焰、烟雾等。

10.6.1 火焰

火焰是一种常见的自然现象。因为火焰没有具体的形状,所以不能单纯地应用建模去模拟火焰。下面应用 3ds Max 提供的制作火焰工具来模拟燃烧效果的动画,详细步骤如下。

Step 01 重置场景。在 ✦ (创建)命令面板上单击 🔲 (辅助对象)按钮,然后在下拉列表框中选择【大气装置】选项。单击【球体 Gizmo】按钮,在视图中创建一个圆形的线框。

Step 02 按 8 键打开【环境和效果】对话框。选择【环境】选项卡,打开【大气】卷展栏。单击【添加】按钮,在弹出的对话框中选择【火效果】选项,如图 10-22 所示。单击【确定】按钮,在【大气】卷展栏的下方会出现一个【火效果参数】卷展栏。

Step 03 在【火效果参数】卷展栏内单击【拾取 Gizmo】按钮。然后在视图内拾取刚创建的辅助对象。关闭对话框,按 Shift+Q 组合键渲染【透视图】,会看到一个大火球,有些类似爆炸效果。

Step 04 再次打开【环境和效果】对话框,在【火效果参数】卷展栏内的【图形】选项组中选中【火舌】单选按钮,关闭对话框。然后选择辅助对象,使用 🔲 (选择并非均匀缩放)工具将其拉长,如图 10-23 所示。渲染画面,火焰则不再是火球形状。

图 10-22 选择【火效果】选项

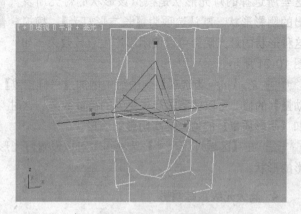

图 10-23 缩放 Gizmo 线框

Step 05 打开【环境和效果】对话框,在【火效果参数】卷展栏中,将【特性】选项组的【火焰细节】设置为 3,将【采样数】的值设置为 15。

Step 06 按 N 键激活动画记录状态。在第 1 帧将【动态】选项组的【相位】设置为 0,将滑块滑到第 100 帧,将【动态】选项组的【相位】值增加到 300,单击【设置关键点】按钮。这时火焰产生了动画,如图 10-24 所示。【火效果参数】卷展栏如图 10-25 所示。源文件参见【素材\Scene\Ch10\Fire.max】。

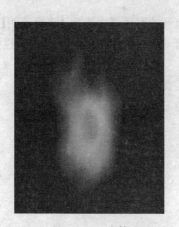

图 10-24 火焰

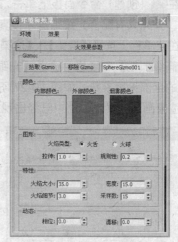

图 10-25 设置火效果参数

10.6.2 雾

雾是室外场景中一种最常见的自然现象,在 3ds Max 中增加雾效果只需要几步操作即可。按 8 键打开【环境和效果】对话框,在【大气】卷展栏中单击【添加】按钮,在弹出的对话框中选择【雾】选项。渲染画面,即可看到雾效果。在环境设置面板上打开【雾参数】卷展栏,在【类型】选项组中确定雾的类型。默认选中的是【标准】选项,即产生标准的雾效果。可以在【标准】选项组中设置【近端】和【远端】的值,决定近处和远处雾的稀薄程度。如果选中【分层】复选框,将会产生层雾。

10.6.3 体积雾

创建体积雾的方法与创建火焰类似。首先,在场景中创建辅助物。然后在环境设置面板的【大气】卷展栏上单击【添加】按钮,在弹出的对话框中选择【体积雾】选项。在【体积雾参数】卷展栏上单击【拾取 Gizmo】按钮,拾取物体,这样就会产生与线框形状相同的雾,因此称为体积雾。在【体积】选项组中设置【密度】的值可以决定雾的强度,在【噪波】选项组中可以对雾的噪波进行设置。【体积雾参数】卷展栏如图 10-26所示。

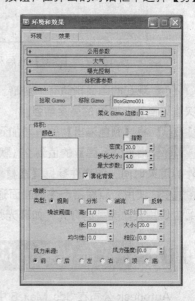

图 10-26 【体积雾参数】卷展栏

10.7 光跟踪器

从 3ds Max 5 开始,3ds Max 新增了一个【光跟踪器】工具,拥有全局照明功能,很容易模拟出照片质量的室外光照效果。其使用方法非常简单，只是运算速度比较慢。下面讲解光跟踪器的具体应用，详细步骤如下。

Step 01 创建一个简单的场景，场景中包括 3 个长方体和 1 个平面，把平面作为地面。

Step 02 在 （创建）命令面板上单击 （灯光）按钮，选择【天光】工具，在视图内创建一个天光。注意，天光只有配合光跟踪器才会真正发挥作用。

Step 03 在菜单栏上选择【渲染】|【渲染设置】命令，在打开的对话框中选择【高级照明】选项卡。在【选择高级照明】卷展栏中选择【光跟踪器】，然后打开【参数】卷展栏，这个卷展栏中提供了光跟踪器的全部设置参数，如图 10-27 所示。

Step 04 渲染画面，发现画面中已经出现了全局照明效果，如图 10-28 所示。

图 10-27 【参数】卷展栏

图 10-28 应用了光跟踪器的渲染画面

Step 05 现在的画面稍微有一些暗。在【参数】卷展栏中将【全局倍增】的值增加到 1.5 左右。再次渲染画面，画面的亮度增强。

Step 06 将【颜色溢出】的值增加到 2，渲染画面，发现物体之间的颜色产生了非常明显的反弹。

Step 07 增加【反弹】的值到 2（默认值为 0），可以产生更加精确的渲染结果。但是这也会增加额外的渲染时间。源文件参见【素材\Scene\Ch10\LightTracer.max】。

Step 08 使用光跟踪器产生的画面通常都十分柔和，但是不能很好地反映明暗。这时可以在场景中配合使用其他类型的灯光，如聚光灯等。

10.8 光能传递的应用

Autodesk 公司在 3ds Max 5 中加入了光能传递的渲染模式，并将这种模拟真实光线传递的渲染方法称为【光能传递】。但是，其运算量大得惊人，渲染一个稍微复杂一点的静态单帧图像就要几个甚至几十个小时。

从 3ds Max 5 的灯光系统开始，3ds Max 灯光系统还加入了光度计量灯光系统，该系统可以作为普通的灯光使用，也可以配合【光能传递】系统进行工作。当在场景中使用了光能传递后，光度计量灯光系统的照明完全取决于现实的光学单位，这也意味着场景中物体的尺寸必须和现实中一致才行。

10.8.1 创建真实灯光

创建真实灯光的方法有以下两种。

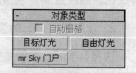

图 10-29 光度学灯光选项

- 在 ◈ （创建）命令面板上单击 ◁ （灯光）按钮，从下拉列表框中选择【光度学】选项。在显示出的面板中选择一种需要的灯光，如图 10-29 所示。
- 在菜单栏上选择【创建】|【灯光】|【光度学灯光】命令，选择一种想创建的灯光。

10.8.2 真实灯光的类型

1. 目标灯光

目标灯光具有可以用于指向灯光的子对象，可采用统一球形分布、聚光灯分布、光度学 Web 分布方式或统一漫反射分布，如图 10-30 所示。

2. 自由灯光

自由灯光不具备目标子对象，可以通过变换瞄准它。自由灯光采用统一球形分布，聚光灯分布、光度学 Web 分布或统一漫反射分布，如图 10-31 所示。

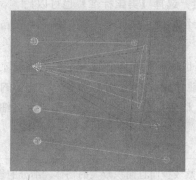

图 10-30 目标灯光的分布方式

图 10-31 自由灯光分布方式

3. mr Sky 门户

mr （mental ray）Sky （天空）门户对象提供了一种【聚集】内部场景中现有天空照明的有效方法，无需高度最终聚集或全局照明设置（这会使渲染时间过长）。实际上，门户就是一个区域灯光，从环境中导出其亮度和颜色。

> **注意**
>
> 为使 mr Sky 门户正确工作，场景必须包含天光组件。此场景可以是 IES 天光、mr 天光，也可以是天光。

10.8.3 设置真实灯光的颜色和强度

1. 设置真实灯光的颜色

选择灯光后，打开 ◁ （修改）命令面板的【强度/颜色/衰减】卷展栏，在【过滤颜色】选项组中设置灯光的颜色。可以在下拉列表框中选择一种真实灯光的类型，当前灯光会自动模拟该灯光的颜色；也可以选中【开尔文】选项，通过设置色温改变灯光的颜色。温度越低，色温颜色就越偏向红色。温度越高，色温颜色越偏向蓝色。

2. 设置真实灯光的强度

选择灯光后，打开 🖉（修改）命令面板的【强度/颜色/衰减】卷展栏，在【强度】选项组中设置灯光的强度。

首先，确定灯光的计量单位，可以是 lm（Lumen，流明）、cd（Candela，烛光）或 lx。这 3 种计量单位只是在光计量上的换算不同，其作用完全相同。

然后，确定灯光的强度。默认计量单位为 cd，光线强度为 1500。

10.9　光能传递的准备工作

所谓光能传递，是指光线照射到物体表面后可以将光线反弹出去，在反弹的过程中，不但能传递光线的强度，还可以反弹物体表面的颜色。

在 3ds Max 中应用光能传递有一些特定的要求，用户必须按照下列步骤操作才能取得理想的效果。

Step 01　设置单位。在菜单栏上选择【自定义】|【单位设置】命令，在单位设置面板选中【公制】选项，使用真实的计量单位（如果习惯使用英寸进行计量，选择【美国标准】也可以）。

Step 02　创建场景。场景中物体的尺寸必须符合真实的计量单位。例如，一扇门的高约 2m，宽约 0.8m。

Step 03　细分表面。光能必须依赖物体的面进行传递，这也意味着物体必须有足够的精度才能取得更好的传递效果。可以在菜单栏上选择【修改器】|【光能传递】|【细分】命令，将物体的表面细分。然后，在 🖉（修改）命令面板中设置【大小】的值，确定细分的程度。这个值越大，细分的程度越低；反之，细分的程度越高。

> **注 意**
>
> 没有必要将所有的物体细分，需要细分的只是那些段数较少而且面积较大的物体。细分的程度越高，最后计算的时间越长。

Step 04　在场景中设置光度计量灯光，并设置灯光的强度。为了取得理想的效果，建议使用 Bc 计量单位，这样可以为灯光设置衰减。

> **提 示**
>
> 光能传递法则：如果想应用光能传递取得理想的效果，需要尽可能地降低灯光的强度，并增强灯光的衰减。通常设置的灯光数量越多，产生的光效越柔和。在效果图制作中，聚光灯的应用要多于泛光灯的应用。

Step 05　在菜单栏中选择【渲染】|【光能传递】命令，在【光能传递处理参数】卷展栏中设置光能传递的参数。

Step 06　单击【开始】按钮，开始传递计算。

10.10 设置光能传递

当进入光能传递阶段后，将主要设置高级灯光面板中【光能传递处理参数】卷展栏的参数。在该卷展栏中可以设置提高光能传递的速度，解决光能传递颜色变化的问题和为使光能传递达到良好效果进行的相关设置等。

10.10.1 测试光能传递

Step 01 打开高级灯光面板中的【光能传递处理参数】卷展栏，在【处理】选项组中将【初始质量】的值降低到 60 左右（如图 10-32 所示），这样可以降低效果，加快光能传递的速度。在测试阶段可以这样做。

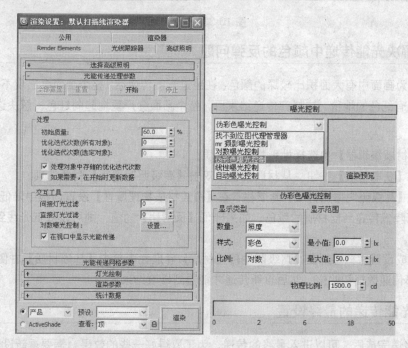

图 10-32　光能传递参数设置

Step 02 在【交互工具】选项组中单击【设置】按钮，在【曝光控制】卷展栏的下拉列表框中选择【伪彩色曝光控制】选项。【伪彩色曝光控制】功能可以将画面中的亮度、对比度等其他物理特性转为 RGB 值，使画面产生更好的光效。

> **注意**
> 即使在不使用光能传递的情况下，也可以应用【伪彩色曝光控制】功能。

Step 03 在【光能传递处理参数】卷展栏上单击【开始】按钮，开始传递计算。如果想中途停止，可以单击【停止】按钮。

Step 04 传递结束后，确保在【交互工具】选项组中选中【在视口中显示光能传递】复选框。这样可以在视图中显示出传递结果。渲染画面，检查问题所在。这时如果修改了灯光或物体的位置等因素，那么需要再次传递才能看到修改结果。

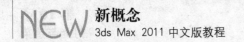

Step 05 在测试传递后，也许会发现一些问题，如发现物体的表面出现杂质。解决的方法是，在【光能传递处理参数】卷展栏的【交互工具】选项组中增加【直接灯光过滤】的值，直到将杂质过滤掉，如图 10-33 所示。

图 10-33　过滤

10.10.2　解决光能传递中颜色的反弹问题

有时，因为画面中有大面积比较深的颜色，在经过光能传递后，整个画面会出现不真实的现象。例如，房间中有红色的地毯，这样在传递结束后，整个画面会严重地趋向红色。解决这种现象的方法如下。

Step 01 在【材质编辑器】中选择地毯物体的材质。

Step 02 单击【获取材质】按钮，从材质类型中双击【高级照明覆盖】材质选项。

Step 03 打开【高级照明覆盖材质】卷展栏，在【覆盖材质物理属性】设置面板中降低【颜色渗出】的值，就可以降低传递当前材质的颜色。如果降低【反射比】的值，则可以降低光线到达该材质后的传递能力。

Step 04 当完成设置后，必须在【高级照明覆盖材质】卷展栏中单击【基础材质】右侧的 Standard 按钮，将全部传递数据初始化，然后重新传递才能看到修改结果。

10.10.3　光能传递的最终设置

当测试传递完成后，可以进入最终的传递。为了取得好一些的效果，需要重新设置一些选项，具体的设置步骤如下。

Step 01 在【光能传递处理参数】卷展栏中单击【全部重置】按钮，将前面的传递结果初始化。

Step 02 在【处理】选项组中将【初始质量】的值增加到 90 左右，以产生更加精确的传递结果。注意，不要将这个值设得太高，否则会浪费很多计算时间，而且不会明显提高最终的渲染质量。

Step 03 将【优化迭代次数（所有对象）】的值增加到 2 左右，提高传递的质量。

Step 04 确定没有其他问题，单击【开始】按钮进行最终的传递。

10.10.4　光能传递的应用范围

关于光能传递的应用范围，并没有特别的规定。因为光能传递自身的局限性，比如不能很好地支持动画，所以更适合应用在建筑和装饰效果图的设计上，如图 10-34 所示。

图 10-34　应用 3ds Max 光能传递制作的效果图

10.11 案例实训——真实的阴影

10.11.1　实例效果

本例将介绍灯光阴影的表现方法，其效果如图 10-35 所示。本例将通过对茶杯设置阴影，对阴影的表现方法进行介绍。

图 10-35　真实的阴影效果

10.11.2　操作过程

Step 01 按 Ctrl+O 组合键，选择【素材\Scene\Ch10\真实的阴影.max】文件，如图 10-36 所示。

图 10-36　选择场景文件

Step 02 单击【打开】按钮，打开场景文件，如图 10-37 所示。

Step 03 选择 ❋（创建）|　❤（灯光）|【标准】|【目标聚光灯】工具，在【顶视图】中创建一盏聚光灯，在【常规参数】卷展栏中勾选【启用】复选框，将【阴影】模式定义为【光线跟踪阴影】；在【聚光灯参数】卷展栏中将【聚光区/光束】和【衰减区/区域】分别设置为 0.5 和 100；在【阴影参数】卷展栏中将阴影颜色设置为 62、62、62，在工具栏中选择【选择并移动】工具 ❖，在其他视图中对聚光灯进行调整，如图 10-38 和图 10-39 所示。

图 10-37　打开场景文件　　　　　　　　　　　图 10-38　设置参数

Step 04　添加完目标聚光灯后激活【摄影机】视图，按 F9 键，对选择的视图进行渲染，渲染后的效果如图 10-40 所示。

Step 05　选择 ✱（创建）|　◥（灯光）|【天光】工具，在【顶视图】中创建一盏天光，切换至 ◢（修改）命令面板中，在【天光参数】卷展栏中将【倍增】设置为 0.5，在【天光颜色】选项组中选中【天空颜色】并将【天空颜色】右侧的颜色 RGB 值设置为 242、242、255，选中【贴图】左侧的复选框，并设置其右侧的参数，如图 10-41 所示，在【渲染】选项组中将【每采样光线数】设置为 20，将【光线偏移】设置为 0.005，并调整天光的位置，如图 10-42 所示。

图 10-39　设置目标聚光灯

图 10-40　渲染后的效果

图 10-41　【天光参数】卷展栏

Step 06 设置完后激活【摄影机】视图，按 F9 键进行渲染，渲染完成后将场景进行保存。源文件
参见【素材\Scene\Ch10\真实的阴影 ok.max】。

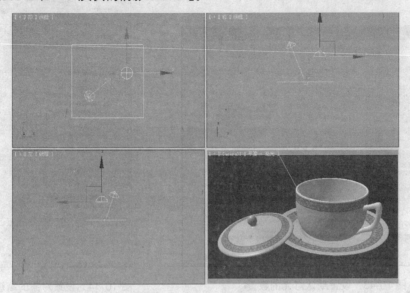

图 10-42　调整天光位置

10.12　本章小结

本章介绍了灯光与渲染的相关知识，从比较常用的灯光衰减、灯光阴影、灯光贴图和灯光环境
等方面来讲述灯光的使用。3ds Max 2011 有很多种不同的灯光，每一种又有大量的控制参数，学
习和掌握这些参数对正确有效地使用灯光非常重要。

高级照明中的光能传递是 3ds Max 2011 灯光系统的重要内容，如何设置和使用光能传递是制
作真实场景的关键。但是使用光能传递会严重占用系统资源，对计算机硬件有一定的要求，所以在
使用光能传递的时候，还要注意效果和渲染时间之间的平衡。

10.12.1　经验点拨

3ds Max 2011 提供了很多不同类型的灯光，主要区别是光线在场景中的投射方式不同。在用
户没有创建灯光的前提下，3ds Max 采用默认的灯光设置。一旦在场景中创建了灯光，则自动关闭
默认的灯光。在菜单栏中选中【视图】|【视口配置】命令，打开【视口配置】对话框。选择【照
明和阴影】选项卡，可以设置默认灯光的数量，如图 10-43 所示。

在设置光能传递之前，正确设置场景中对象的属性是非常必要的。在场景中选择物体对象后右
击，在弹出的快捷菜单中选择【对象属性】命令，打开【对象属性】对话框，然后在【高级照明】
选项卡中设置对象的高级照明属性，如图 10-44 所示。

- 【排除在高级照明计算之外】选项可以将对象排除在高级照明范围之外。
- 【投射阴影】选项用于设定高级照明是否产生阴影效果。
- 【接收照明】选项用于设定对象是否收到直射光或反射光的照射。如果不受照射，则对象呈黑色。
- 【使用全局细分设置】选项可以将场景中的对象转化成三角形的面，而【网格设置】的值则定义了
  三角形面积的大小，默认值是 39.37 in（1 m），用户可以根据场景的大小自行调节。

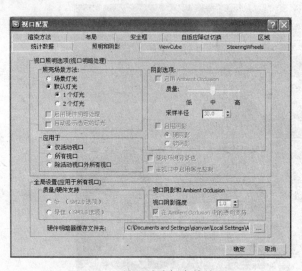

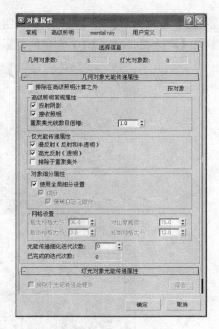

图 10-43　设置默认灯光的数量　　　　图 10-44　设置对象的高级照明属性

10.12.2　习题

一、选择题

1. 打开环境设置面板的快捷键是什么？（　　　）

A. 6　　　　　　　　B. 7　　　　　　　　C. 8　　　　　　　　D. 9

2. 在 3ds Max 2011 中，一共提供了多少种不同类型的灯光阴影？（　　　）

A. 3　　　　　　　　B. 4　　　　　　　　C. 5　　　　　　　　D. 6

3. 打开渲染贴图的设置面板的快捷键是什么？（　　　）

A. A　　　　　　　　B. T　　　　　　　　C. X　　　　　　　　D. O

4. 在高级灯光面板中降低什么值会降低效果，加快光能传递的速度？（　　　）

A. 初始质量　　　　　　　　　　　　　B. 过滤
C. 优化迭代次数（所有对象）　　　　　D. 优化迭代次数（选定对象）

二、简答题

1. 在平行光或聚光灯中，两个用来标识照明范围的线框分别代表什么？
2. 简述光能传递的特征。

三、操作题

1. 随意创建一个场景，使用 3ds Max 2011 提供的每一种标准灯光，在 （修改）命令面板中修改其参数，观看效果。
2. 按照 10.6 节的步骤提示，创建各种灯光的环境效果。

第11章

动画基础

本章导读

本章主要讲解动画创作的基本概念、轨迹视图的应用、简单的动画设置。本章主要以小球弹跳的实例来进行讲解。

知识要点

- ⊗ 关键帧
- ⊗ 设置关键点
- ⊗ 控制时间
- ⊗ 曲线编辑器
- ⊗ 相对重复动画
- ⊗ 设置动画速率

11.1 动画创作的基本概念

下面首先讲述几个在 3ds Max 2011 中进行动画创作的基本概念：关键帧、设置关键点、控制时间。

1. 关键帧

在三维动画软件中用于描述一个对象的位移情况、旋转方式、缩放比例、变形变换和灯光、摄像机状态等信息的关键画面。

三维动画软件还提供了相当强大的工具或方法来帮助实现和完成动画的设置，如【轨迹视图】、【功能曲线】、【动画控制器】和【视频合成器】等。【轨迹视图】是三维动画创作的重要工作窗口，有关关键帧及动作的调节，大部分都在这里进行。在轨迹视图中不仅可以编辑动画，还能直接创建对象的动作，而动画的发生时间、持续时间、运动状态也都可以在这里方便快捷地进行调节。

图 11-1 中的关键帧 1、关键帧 2、关键帧 3 就是一个角色嘴巴张开的几个关键画面，即角色嘴巴张开动作的关键帧。

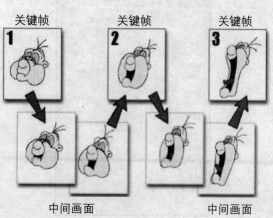

图 11-1 关键帧

2. 设置关键点

在视图下方的 自动关键点 按钮用于生成动画序列，当该按钮处于激活状态时，只要再用变换按钮移动对象或在 ☑（修改）面板中修改参数即可。当 自动关键点 按钮处于激活状态时，活动视图的边界呈红色，提示现在处于动画模式状态。

当启用了 自动关键点 按钮之后，任何一种形状或参数的改变都会产生一个关键点，用来记录在特定的帧中的位置或视觉效果。一些复杂的动画往往仅用少数几个关键帧就可以生成。

创建了第 1 个关键帧之后，3ds Max 自动将第 0 帧设置为关键帧，用来记录对象的初始位置或参数。通过移动时间滑块，可以在任意帧中设置关键点。关键帧设置好之后，3ds Max 自动在这两个关键帧之间插入对象位置或形状的变化。

创建关键帧的另一种方法是用鼠标右击时间滑块，这样可以打开【创建关键点】对话框，如图 11-2 所示。在该对话框中可以设置对象的位置、旋转和缩放关键帧。

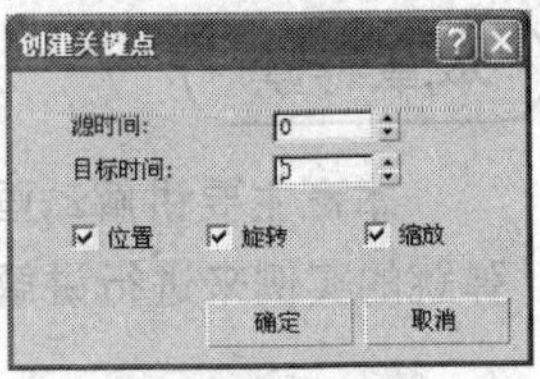

设置关键点后的时间轴如图 11-3 所示。

图 11-2　创建关键点

图 11-3　设置关键点后的时间轴

3. 控制时间

默认的场景是 100 帧，即默认的动画长度为 100 帧，通常这不是实际所需的帧数。在任意时刻右击动画播放区的 ▶ 按钮，可以打开【时间配置】对话框，利用这个对话框可以设定帧速率和动画长度，如图 11-4 所示。

在 3ds Max 中，动画的基本单位是帧，而【帧率】提供了帧数和时间的关系，以每秒的帧数来衡量。NTSC 制式是欧洲国家及中国台湾地区使用的标准，每秒 30 帧；【电影】为每秒 24 帧；PAL 制式是我国使用的标准，每秒 25 帧；通过【自定义】可以自行设定帧速率。我国电视采用 PAL 标准，而电影采用【电影】标准。如图 11-5 所示是各种格式所对应的帧率。

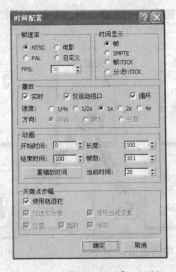

图 11-4　【时间配置】对话框

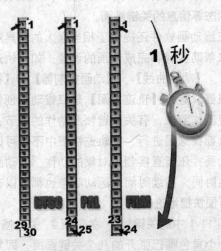

图 11-5　帧率

在【时间配置】对话框中，可以设置【开始时间】、【结束时间】、【长度】和【帧数】的值。这些值都是相关联的，如果设置了【开始时间】和【结束时间】，长度就会自动改变。这些值可以在任何时候改变，而不会破坏任何关键帧。

单击【重缩放时间】按钮，弹出如图 11-6 所示的【重缩放时间】对话框，在这个对话框中可以增加或减少关键帧之间的帧数，通过【开始时间】和【结束时间】来改变动画的时间长短。

图 11-6　【重缩放时间】对话框

11.2　弹跳小球动画的创建

通过这个实例，可以学习如何应用设置关键点的方法过滤动画属性，以及应用曲线编辑器来影响物体运动的进程。

下面利用关键帧技术制作小球向前弹跳的动画，详细步骤如下。

Step 01 创建一个简单的场景。场景中有一个小球和一个地面，把小球的名称改为球，如图 11-7 所示。

Step 02 选择小球。在视图内右击，从弹出的快捷菜单中选择【对象属性】命令，打开【对象属性】对话框。在【常规】选项卡下的【显示属性】选项组中选中【轨迹】复选框，如图 11-8 所示。这样，当小球运动的时候，3ds Max 将显示出运动轨迹。

Step 03 在视图区下面的动画控制区单击【关键点过滤器】按

图 11-7　初始场景

钮，弹出【设置关键点过滤器】对话框。在这个对话框中包括物体所有的相关特性，当选中相应的选项后，使用设置关键点的方式就会为这种特性设置关键点。这些选项包括【全部】、【位置】、【旋转】、【缩放】、【IK 参数】、【对象参数】、【自定义属性】、【修改器】、【材质】和【其他】，如图 11-9 所示。

图 11-8　设置显示轨迹线

图 11-9　设置关键点过滤器

Step 04 在【设置关键点过滤器】对话框中选中【位置】复选框，并确定不选择其他任何选项。这样，就只会为物体的位置设置关键点。

Step 05 在动画控制区中单击【设置关键点】按钮 设置关键点，当透视图的周围显示出红色线框时，表示进入动画记录状态。

Step 06 确定选择小球且当前时间处在第 0 帧。选中小球，在动画控制区中单击 ∽（设置关键点）按钮，为当前小球设置一个空白的关键帧。

Step 07 前进到第 10 帧，将小球向上、向前移动一些距离，做出向前弹起的运动。单击 ∽（设置关键点）按钮，设置关键点。

Step 08 前进到第 20 帧，将小球向下、向前移动一些距离，做出向前落地的运动。单击 ∽（设置关键点）按钮，设置关键点。

Step 09 取消动画记录状态，播放动画，会看到小球向前匀速弹起，又匀速落下来，如图 11-10 所示。源文件参见【素材\Scene\Ch11\球.max】。

图 11-10　向前弹起的小球

11.3　轨迹视图的应用

　　【轨迹视图】是 3ds Max 中进行动画创作的重要窗口，虽然可以作为一个完整的视图窗口存在，但多数情况下使用浮动框形式的轨迹视图。这样不仅可以方便地移动，还可以同时打开多个轨迹视图进行编辑。

11.3.1　关于曲线编辑器

　　曲线编辑器是 3ds Max 提供的一个专门用于编辑动画进程的工具，可以从全局来控制整个场景的动画进程。实际上，花费在设置关键点上的时间并不多，更多的时间可能都花费在曲线编辑器上了。在菜单栏上选择【图形编辑器】|【轨迹视图-曲线编辑器】命令，打开【轨迹视图-曲线编辑器】对话框，如图 11-11 所示。

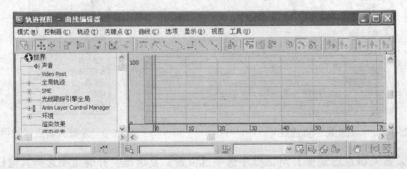

图 11-11　曲线编辑器

　　可以看到，曲线编辑器有自己的菜单栏和工具栏。其中，工具栏提供了大部分的操作按钮。曲线编辑器的左边是场景中物体名称的列表，可以从中选择要编辑的物体，并确定将要编辑的动画属性。曲线编辑器的右侧是轨迹视图，在这里 3ds Max 使用不同的曲线来代表物体的运动，如果改变了曲线的形状，也就改变了物体的运动进程，这是一种非常理想的动画编辑方式。曲线编辑器还提供了各种各样的实用工具，以便快速完成很多重复性的工作。

11.3.2　相对重复动画

下面以上节制作的弹跳的小球为例，应用曲线编辑器对小球的动画进行进一步的设置，创建一个相对重复的动画效果，详细步骤如下。

Step 01　接续前面的场景，调整地面的位置及长度，选择小球，在菜单栏上选择【图形编辑器】|【新建轨迹视图】命令，为小球新建一个曲线编辑器。这时，可以在曲线编辑器左侧的列表框中看到小球的各种动画属性。在曲线编辑器的右侧则显示出了小球的运动轨迹线，如图 11-12 所示。在轨迹视图的右上侧输入轨迹视图的名称为【球】。

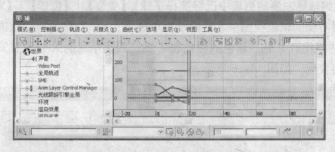

图 11-12　小球在曲线编辑器中的输出方式

Step 02　确定在曲线编辑器左侧的列表框中正确选择了小球动画的属性（显示为黄颜色的选项），否则，无法激活下面要使用的工具。配合 Ctrl 键，在列表中选择球（小球名称）|【变换】|【位置】，再选择【X/Y/Z 位置】选项。

Step 03　在曲线编辑器的菜单栏上选择【控制器】|【超出范围类型】命令，打开【参数曲线超出范围类型】对话框，如图 11-13 所示。在这个对话框中，提供了 6 种轨迹曲线输出方式，包括恒定、周期、循环、往复、线性、相对重复。

Step 04　单击【相对重复】图标，单击【确定】按钮，关闭设置对话框。这时，观察曲线编辑器中的轨迹线形状变化。

Step 05　关闭曲线编辑器，播放动画，发现小球一直向前不停地弹跳了出去，如图 11-14 所示。源文件参见【素材\Scene\Ch11\球 1.max】。

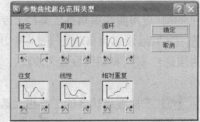

图 11-13　轨迹曲线输出方式

图 11-14　不断向前跳跃的小球

11.3.3 设置动画速率

观察上述动画，感觉小球的弹动有些问题。不妨找一个真正的小球在地上拍一拍，感觉一下弹动的速率，可以发现小球在碰击地面的一瞬间会产生很强的反弹，这样速度就会加快。当小球上升到一定高度的时候，因为地心引力的原因，小球开始逐渐减缓上升速度。最后，小球开始下落，而且越来越快，直到碰击地面。

上面所创建的小球弹跳动画基本上是完全匀速的。这样，既体现不出碰击地面的冲击力，也体现不出地心引力的影响。所以，看起来才会怪怪的。继续上面小球动画的场景，应用曲线编辑器对小球的运动速率进行设置，详细步骤如下。

Step 01 在菜单栏上选择【图形编辑器】|【保存的轨迹视图】| 球（自定义曲线编辑器的名称）命令，打开前面设置的曲线编辑器。

Step 02 确定在曲线编辑器左侧的列表中已经选择了球|【变换】|【位置】|【X/Y/Z 位置】选项。这样，在曲线编辑器右侧的轨迹视图中才会显示出小球 X、Y、Z 轴的运动轨迹线。注意，红色的线代表 X 轴，绿色的线代表 Y 轴，蓝色的线代表 Z 轴。因为小球的 X 轴没有发生任何动画，所以红线的形状没有任何变化，如图 11-15 所示。

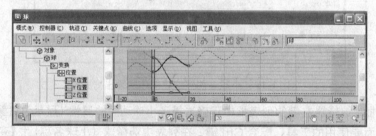

图 11-15　小球的轨迹曲线

Step 03 应用曲线编辑器工具栏上专门提供的切线工具来改变小球轨迹的形状。这些切线工具包括 ⚲（将切线设置为自动）、⚲（将切线设置为自定义）、⚲（将切线设置为快速）、⚲（将切线设置为慢速）、⚲（将切线设置为阶跃）、⚲（将切线设置为线性）、⚲（将切线设置为平滑），如图 11-16 所示。

Step 04 在曲线编辑器的工具栏上选择 ✥ （移动关键点）工具，可以在轨迹视图中任意改变关键帧的位置。

Step 05 在轨迹视图内选择蓝线的第 1 个节点，也就是 Z 轴处在第 0 帧位置上的关键帧。然后，在曲线编辑器的工具栏上单击 ⚲（将切线设置为快速）按钮。这样，可以使小球在弹起的一瞬间加快速度。

Step 06 在刚才选中的蓝线的第一个节点上右击，弹出设置轨迹线的快捷窗口。该窗口的左上方有一个数值 1，代表当前选择了第 1 个关键帧。这个数值和时间没有关系，只是说明当前选择的是第几个关键帧。单击旁边的 ← → 按钮，可以快速访问其他关键帧，如图 11-17 所示。

图 11-16　切线工具

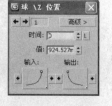

图 11-17　快捷窗口

Step 07 在快捷窗口内前进到 Z 轴的第 2 个关键帧，也就是小球弹起来的那一帧时，会看到快捷窗口的时间显示为 10，表明前进到了第 10 帧。

Step 08 在曲线编辑器的工具栏上单击 ![icon]（将切线设置为慢速）按钮，使小球在升到空中时开始减缓速度。

Step 09 前进到 Z 轴的第 3 个关键帧，也就是小球落地的那一帧。在曲线编辑器的工具栏上单击 ![icon]（将切线设置为快速）按钮，使小球在落地时逐渐加快速度。注意 Z 轴轨迹线的形状，如图 11-18 所示。

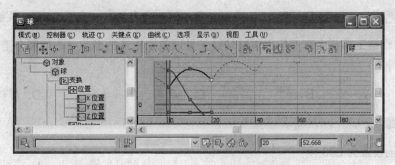

图 11-18　小球 Z 轴的轨迹线形状

Step 10 播放动画，发现小球的弹跳变得有节奏了，但在前进的过程中还有抖动的现象。这是因为 Y 轴的轨迹线不够平滑。

Step 11 在曲线编辑器的轨迹视图中同时选择 Y 轴（绿线）的 3 个关键帧，在曲线编辑器的工具栏上单击 ![icon]（将切线设置为平滑）按钮，平滑小球的运动。

Step 12 再次播放动画，这次会看到小球非常有节奏地向前弹跳出去。源文件参见【素材\Scene\Ch11\球 2.max】。

11.4　本章小结

本章介绍了 3ds Max 2011 动画制作的基础知识和轨迹视图的使用，其中包括关键帧动画的创建、重复动画的创建和表达式动画的创建，这些都是动画制作中的基础，而这些知识都融合在小球动画实例中。

11.4.1　经验点拨

在 3ds Max 中，第 0 帧的位置非常特殊，与模型制作中对象的状态相同，如果改变第 0 帧，物体的非动画状态也会改变。所谓关键帧，是三维动画软件中用以描述一个对象的位移情况、旋转方式、缩放比例、变形变换和灯光、摄像机状态等信息的关键画面。在【轨迹视图】中与关键帧相对应的点称为关键点。

3ds Max 重新设定了关键点设置按钮，既可以使用【自动关键点】自动设定关键点，也可以使用【设置关键点】按钮 ![icon] 手动设定关键点。

在 3ds Max 中，几乎所有参数都可以设置为动画，而这些都能在【轨迹视图】中进行设置或修改。

【轨迹视图】是三维动画创作的重要工作窗口，对关键帧的调节，一般都在这里进行。在【轨迹视图】中不仅可以编辑动画，还能直接创建对象的动作，对动画的发生时间、持续时间、运动状态等都可以方便快捷地进行调节。因此【轨迹视图】相对复杂而庞大一些，但其功能完善、强大、可以完成手动设置无法完成的动画工作。此外，3ds Max 还提供了很多相当强大的功能来配合【轨迹视图】实现和完成完整动画的设置，如功能曲线、动画控制器和后期合成等。

11.4.2 习题

一、选择题

1. 单击哪个按钮表示进入动画记录状态？（   ）

A. 设置关键点   B. ○━   C. 设置关键点 和 ○━   D. 关键点过滤器

2. 曲线编辑器工具栏上有专门提供的切线工具以改变轨迹的形状，下面哪个工具为设置快速切线？（   ）

A. ⌐   B. ⌐   C. √   D. √

二、简答题

怎样把动画设置为 200 帧？

三、操作题

利用前面创建的小球动画，操作小球的【轨迹视图】中的每一项，理解其中每一项代表的功能。

第12章

常用控制器与层级动画

本章导读

本章主要介绍了常用控制器在动画中的应用。

知识要点

- ✪ 控制器
- ✪ 路径变形
- ✪ 反向运动
- ✪ 路径约束
- ✪ 方向约束
- ✪ 制作摇晃的橡胶棒
- ✪ 软体动画
- ✪ 正向运动
- ✪ 制作下坠的绳子

12.1　认识控制器

在 3ds Max 2011 中，提供了 50 多种控制物体的方式，这些控制物体的方式被集成为一种称为【控制器】的工具以供使用。默认情况下，使用【位置：位置 XYZ】控制器来控制物体的移动，使用【Rotation：Euler XYZ】控制器来控制物体的旋转，使用【缩放：Bezier Scale（贝塞尔比例）】控制器来控制物体的缩放，但用户可以在任何时候为物体的移动、旋转、缩放来选择其他类型的控制器。

使用不同的控制器可以实现不同的效果。例如，使用路径约束控制器可以控制物体的移动、跟踪目标的方向，用一个物体的表面来约束另一个物体的位置等。

用户可以通过下述 3 种方法获得控制器。

（1）在【动画】菜单中可以获得 4 种不同类型的控制器，包括【变换控制器】、【位置控制器】、【旋转控制器】、【缩放控制器】，如图 12-1 所示。

（2）打开曲线编辑器，选择要控制的物体属性，然后在【曲线编辑器】的菜单栏上选择【控制器】|【指定】命令，在弹出的对话框中选择一种需要的控制器，如图 12-2 所示。

（3）选择 ◎（运动）命令面板，打开【指定控制器】卷展栏，在该卷展栏的列表框中列出了物体的 3 种基本控制属性，包括位置、Rotation、缩放。可以从中选择一种属性，然后单击左上角的 ☑ 按钮，从弹出的窗口中选择一种需要的控制器，如图 12-3 所示。当选择了不同的控制器后，在【指定 浮点 控制器】对话框中会显示出相应的选项，选择其中的选项后，单击【确定】按钮，用于对控制器进行设置。

  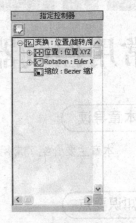

图 12-1 控制器　　　图 12-2 【指定 浮点 控制器】对话框　　　图 12-3 指定控制器

12.2　路径约束

下面利用最常用的路径约束控制器来制作小球前进的动画。

12.2.1　创建路径约束

创建路径约束的步骤如下。

Step 01 打开场景文件【素材\Scene\Ch12\球.max】。在这个场景中，已经准备好了两个不同颜色的小球模型，如图 12-4 所示。

Step 02 使用线工具在【前视图】两个小球之间绘制一条线，命名为 p1，作为小球运动的引导线。线的形状即是小球的运动路线。

Step 03 按 H 键，打开【从场景选择】对话框，选择小球 A（红颜色的小球），单击【确定】按钮。然后在菜单栏上选择【动画】|【约束】|【路径约束】命令。这时可以看到视图上出现了一条虚线，此时可以按 H 键打开【从场景选择】对话框，从中拾取样条的名称 p1，单击【拾取】按钮。

Step 04 拾取线后，小球 A 的位置会变动到样条线路径的起始点。

Step 05 播放动画，小球 A 沿着样条路径的方向产生了动画，但是效果也许并不理想。

> **注意**
> 如果改变了样条的起始点，也就改变了小球前进的方向。

Step 06 打开 🖊（修改）面板的【路径参数】卷展栏。

Step 07 在【路径选项】选项组中选中【跟随】复选框，如图 12-5 所示。在【轴】选项组中设置小球 A 的方向。如果 X、Y、Z 轴向都不能满足需要，可以选中【翻转】复选框，翻转小球 A 的方向。

Step 08 这样可以使小球 A 在前进中跟随样条的方向转弯。

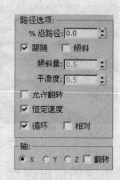

图 12-4　设置场景　　　　　　　　　　　　图 12-5　设置路径控制选项

Step 09　播放动画，这时的效果已经很好。可以尝试改变样条的形状，小球 A 的前进路线也会随之改变。

12.2.2　使用多条引导线

在 3ds Max 4 以后的版本中，允许使用多条路径来控制物体的移动方向，并且可以为路径对物体的影响设置关键点。下面应用这种方法继续 12.2.1 节的场景，使小球 A 的运动变得复杂起来。这里还要介绍直接为物体属性设置关键点的方法，详细步骤如下。

Step 01　创建样条并命名为 p2，这样场景中就应该有 p1、p2 两个样条路径。

Step 02　选择小球 A，打开 ◎（运动）命令面板的【路径参数】卷展栏。

Step 03　单击【添加路径】按钮，然后按 H 键打开名称选择器，从中拾取样条线的名称 p2。

Step 04　播放动画，可以发现小球 A 沿着 p1 和 p2 两条路径的中间位置前进。

Step 05　确定仍然选择小球 A，并打开 ◎（运动）命令面板。在【路径参数】卷展栏的【目标】列表框中选择 p2，将【权重】值设置为 0。

Step 06　播放动画，可以发现小球 A 这一次只沿着 p1 的路径前进。但是在第 0 帧时，小球 A 会突然跳到路径的终点。在【路径参数】卷展栏中取消选中【循环】复选框就可以解决这个问题。

Step 07　在动画控制区中单击 设置关键点 按钮，激活动画记录状态。

Step 08　在【路径参数】卷展栏的【目标】列表框中选择 p1。确定当前时间处在第 0 帧，单击 ↜（设置关键点）按钮。按住 Shift 键，在【权重】微调按钮上右击，微调按钮变为红色，表明【权重】的值在第 0 帧设置了关键帧（应该确定 p1 的【权重】值在第 0 帧为 50，这也是默认值），如图 12-6 所示。

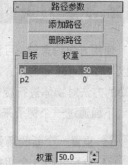

图 12-6　为权重设置关键点

Step 09　在【目标】列表框中选择 p2，按住 Shift 键，在【权重】微调按钮上右击，为 p2 的【权重】值设置关键点。

Step 10　前进到第 60 帧左右，单击 ↜（设置关键点）按钮，将 p1 的【权重】值设置为 0，p2 的【权重】值设置为 0。按住 Shift 键，在【权重】微调按钮上右击，设置关键点。

Step 11　前进到第 100 帧，在【目标】列表框中选择 p2，单击 ↜（设置关键点）按钮，将【权重】值设置为 100，设置完成后再单击一次 ↜（设置关键点）按钮，以确保 p2 的权重为 100。

Step 12　播放动画，发现小球 A 开始会沿着 p1 的路径前进，但在第 60 帧左右会逐渐向 p2 的路径方向偏移，如图 12-7 所示。

图 12-7　使用两条引导线控制小球的前进

12.2.3　改变小球的前进速度

在 12.2.2 节中，小球 A 的前进基本上都是匀速的。下面继续 12.2.2 节的场景，通过为路径设置关键点的方法改变小球 A 的前进速度，并且使小球 A 在一段距离内倒行，详细步骤如下。

Step 01 选择小球 A，打开 ◎（运动）命令面板的【路径参数】卷展栏。

Step 02 在动画控制区单击 设置关键点 按钮，激活动画记录状态，并前进到第 50 帧。

Step 03 在【目标】列表框中选择 p1，这时在【路径选项】选项组中的【%沿路径】值应该为 50，表示小球 A 已经前进到路径 50%的位置。

Step 04 单击 ⊶（设置关键点）按钮，在【%沿路径】微调按钮上右击，设置关键点。

Step 05 前进到第 60 帧，这时【%沿路径】的值应该是 60 左右。单击 ⊶（设置关键点）按钮，将【%沿路径】的值设为 20，设置完成后再次单击 ⊶（设置关键点）按钮，设置关键点。

Step 06 播放动画，小球 A 在前进到第 50 帧时突然倒行，但在第 60 帧后又恢复正常。

源文件参见【素材\Scene\Ch12\球 3.max】。因为转弯和倒行多花费了一些时间，所以小球 A 在第 60 帧后会自动加快前进速度，在第 100 帧到达终点。

12.3　方向约束

使用方向约束时，可以使物体方向始终保持与一个物体的方向的平均值相一致，被约束的物体可以是任何可转动物体。当指定方向约束后，被约束物体将继承目标物体的方向，但此时不能利用手动的方法对物体进行旋转。

下面通过一个例子来学习方向约束的使用方法。

Step 01 重置一个新的场景。

Step 02 分别创建 3 个切角长方体和 3 条曲线，按照前面的方法创建路径约束动画，在【路径参数】卷展栏的【路径选项】选项组中勾选【跟随】复选框，并选中【轴】选项组中的 Y 单选按钮，如图 12-8 所示。

图 12-8　创建 3 个切角长方体和 3 条曲线

Step 03 选中中间的切角长方体，切换到 ◎（运动）命令面板，在【指定控制器】卷展栏中选择 Rotation 选项，单击☑按钮，在弹出的【指定 旋转 控制器】对话框中选择【方向约束】选项，单击【确定】按钮。

Step 04 单击【方向约束】卷展栏中的【添加方向目标】按钮，然后选择右边的切角长方体。

Step 05 播放动画，会看到中间的切角长方体不仅沿着运动轨迹前进，而且会受到右侧切角长方体角度的影响，约束效果如图 12-9 所示。

源文件参见【素材\Scene\Ch12\运动的切角长方体.max】。

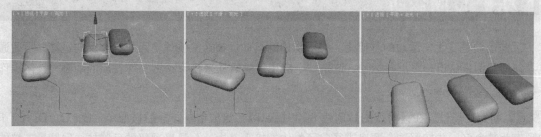

图 12-9　方向约束效果

12.4　正向运动

在 3ds Max 中，正向运动是制作动画最基本的内容之一，要理解正向运动首先要清楚两个定义——父物体和子物体。正向运动是指子物体集成父物体的运动规律，即在父物体运动时，子物体跟随父物体运动，而子物体按自己的方式运动时，父物体不受影响。例如，可以运用正向运动模拟同步卫星的自转和绕地球的公转，将地球设置为父物体，地球的运动将被施加到其同步卫星上，而卫星自身的运动不会影响地球。

一个父物体包含许多子物体，而一个子物体只能有一个父物体，否则运动将不唯一。层级的默认管理方式即是正向运动学。

正向运动学中物体之间的关系如下。

当两个物体连接在一起之后，子物体的位置、旋转和缩放等变换都将取决于其父物体的相关变换，子物体与父物体组成的系统变换中心便是父物体的轴心点。

简单地讲，连接后，当移动、旋转或缩放父物体时，子物体将随之变化相同的量；反之，移动、旋转或缩放子物体时，父物体不会变化。例如，图 12-10 所示的圆柱体定义为管状体的子物体，当对管状体进行比例变换时（如图 12-11 所示，扩大 Z 轴向上的比例），圆柱体也按照同样的参数进行变换；但对圆柱体进行比例变换时（如图 12-12 所示，同时扩大 Z 轴向上的比例），管状体将不受影响。

<table>
<tr><td>图 12-10　层级定义</td><td>图 12-11　按比例变换父物体</td><td>图 12-12　按比例变换子物体</td></tr>
</table>

注意

针对系统提供的正向运动的层级关系，在动画创作过程中必须遵循由上至下的顺序。一般情况下，利用正向运动学创建的动画，应按照物体层级由高到低的顺序调整；但是对于复杂的系统，高层级物体的运动向下传递若干的层级，其影响将很难预料。因此对于复杂的角色动画，建议使用反向运动学系统。

12.5 反向运动

反向运动是在正向运动的基础上，将子物体的运动反馈给父物体，因此称为反向运动。下面通过具体的实例来认识一下反向运动，这是一个应用反向运动来模拟锁链特殊性质的动画，具体操作步骤如下。

Step 01 初始化场景。在【前视图】创建 6 个【圆环】，组成锁链。然后按照 A、B、C、D、E、F 的顺序为其命名，并按照这个顺序进行父子物体链接。其中，A 是最顶级的父物体，F 是最末端的子物体，即在工具栏上单击 🔗（选择并链接）按钮，从 F 到 A 逐个建立父物体与子物体之间的关系，如图 12-13 所示。

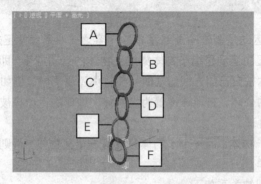

图 12-13　锁链

Step 02 选择 🔠（层次）命令面板，单击 IK 按钮，打开【反向运动学】卷展栏。

Step 03 在【反向运动】卷展栏上单击【交互式 IK】按钮，这时可以在场景中左右拖动 F，会发现 E、D、C、B、A 也相应受到不同程度的影响，就像是锁链来回拖动一样。

Step 04 当左右拖动 F 的幅度过大时，A 会发生方向不正确的旋转。这时需要设置 A 的反作用力旋转方向。

Step 05 选择 A，打开反向运动设置面板的【转动关节】卷展栏，取消选中 X 轴和 Z 轴，只保留 Y 轴。这样 A 在接收 E 的力量反馈时就只能沿着 Y 轴旋转。（注意，根据创建物体的视图不同，这里的轴向所代表的实际方向也不一样。）

Step 06 在 🔅（创建）命令面板上单击 🔘（辅助对象）按钮，单击【虚拟对象】按钮，在【顶视图】创建一个【虚拟物】物体，将其放在锁链的最下方。

Step 07 选择 F，打开反向运动设置面板的【对象参数】卷展栏，单击【绑定】按钮。按 H 键打开名称选择器，选择前面创建的【虚拟物】物体。这时 F 的上面连接着 E，下面被绑定到【虚拟物】物体上。

Step 08 选择 A 并左右移动，会发现锁链下方像受到牵引力一样，这是因为锁链的最下方被绑定到【虚拟物】物体上。

Step 09 在不同时间段上任意设置几个关键帧，在这几个关键帧上调整【虚拟物】物体的位置来创建关键帧动画。然后在反向运动设置面板的【反向运动】卷展栏上取消【交互式 IK】按钮的作用。单击【应用 IK】按钮，3ds Max 会自动将 IK 结果计算成为关键点，播放动画就可以观看效果。源文件参见【素材\Scene\Ch12\反向运动.max】。

12.6 软体动画

本节练习制作一块柔软的布面。创建一个小球，并将其放在布上滚动，只要是小球滚过的地方，布面就会被压得陷下去，就像有弹性一样，如图 12-14 所示。这个练习的目的主要是要读者了解属性链接的作用。

图 12-14　柔软的布面

制作这个动画的详细步骤如下。

Step 01 重置场景。

Step 02 在【顶视图】创建一个【平面】作为布面，将【长度】和【宽度】设置为 5000，【长度分段】和【宽度分段】设置为 30，并将其命名为"布面"。选择新绘制的"布面"，按 M 键打开【材质编辑器】，选择一个新的材质样本球。在【贴图】卷展栏中单击【漫反射颜色】后的【None】按钮，在打开的对话框中选择【棋盘格】，单击【确定】按钮。

在【坐标】卷展栏中将【瓷砖】下的 UV 设置为 6 和 2。在【棋盘格参数】卷展栏中将【颜色 #1】的 RGB 设置为 106、106、106，单击 （转到父对象）按钮和 （将材质指定给选定对象）按钮，如图 12-15 所示。

Step 03 在【顶视图】中创建一个【半径】为 500mm 的【球体】，将其命名为"小球"。选择【小球】，按 M 键打开【材质编辑器】，选择一个新的材质样本球。在【贴图】卷展栏中单击【漫反射颜色】后的【None】按钮，在打开的对话框中选择【棋盘格】，单击【确定】按钮。

在【坐标】卷展栏中将【瓷砖】下的 UV 设置为 6 和 2。在【棋盘格参数】卷展栏中将【颜色 #1】的 RGB 设置为 124、124、124，单击 （转到父对象）按钮和 （将材质指定给选定对象）按钮，如图 12-16 所示。

Step 04 选择布面，在菜单栏上选择【修改器】|【选择】|【体积选择】命令。

Step 05 打开 （修改）命令面板，在【参数】卷展栏的【堆栈选择层级】选项组中选中【顶点】单选按钮。在【选择方式】选项组中选中【球体】单选按钮，单击【选择方式】选项组中的【None】按钮，选择小球，如图 12-17 所示。

Step 06 在堆栈栏中选择【体积选择】的次物体【Gizmo】，这时在视图上会显示出一个【Gizmo】线框。【Gizmo】线框内的范围即是选择的范围。

Step 07 将【Gizmo】线框移动到小球的位置，并使用缩放工具缩放【Gizmo】线框，使【Gizmo】线框的大小与小球一致，如图 12-18 所示。

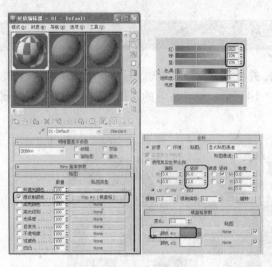

图 12-15 创建布面并设置材质

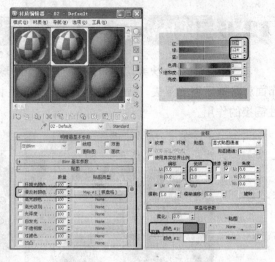

图 12-16 创建小球并设置材质

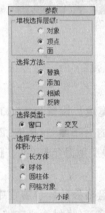

图 12-17 【参数】卷展栏

图 12-18 缩放 Gizmo 线框

注 意

下面的步骤 Step 08 ～ Step 10 是变动小球和布面的移动控制器。如果用户使用的是 3ds Max 2011 以前的旧版本，这几步就不用做了。

Step 08 选择布面，在视图内右击，从弹出的快捷菜单中选择【曲线编辑器】选项，打开曲线编辑器。

Step 09 在曲线编辑器列表中选择【布面】(布面名称)|【修改对象】|【体积选择】| Gizmo |【位置】|【X位置】选项。然后在曲线编辑器的菜单栏上选择【控制器】|【指定】选项，在打开的对话框中选择【Bezier浮点】选项，如图 12-19 所示。

Step 10 不要关闭曲线编辑器，在列表中选择小球(小球名称)|【变换】|【位置】|【X位置】选项。在曲线编辑器的菜单栏上选择【控制器】|【指定】选项，在打开的对话框中选择【Bezier 浮点】选项。

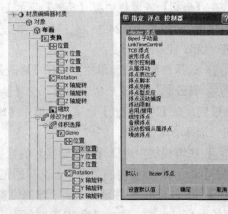

图 12-19 指定控制器

Step 11 关闭曲线编辑器。选择布面，在视图内右击，从弹出的快捷菜单中选择【关联参数】选项，会继续弹出子选项，从中选择【修改对象】|【体积选择】|【Gizmo】|【位置】|【X 位置】选项。然后视图内会出现一条虚线，指示拾取将要链接的物体。拾取小球，这时又会出现子选项。选择【变换】|【位置】|【X 位置】选项后，将会弹出参数关联对话框，如图 12-20 所示。

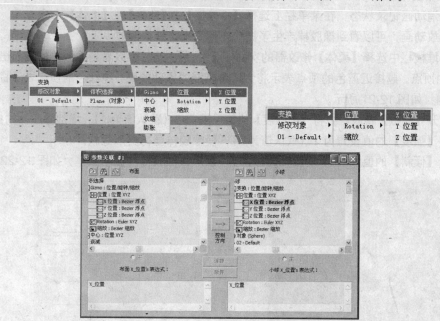

图 12-20　属性链接

Step 12 在属性链接对话框上单击 ← （单向链接）按钮（右参数控制左参数）。然后单击【连接】按钮。这样小球的位置便控制了布面的线框位置。

Step 13 关闭属性链接对话框。选择布面，在菜单栏上选择【修改器】|【参数化变形器】|【变换】命令。

Step 14 打开修改命令面板，选择变换的次物体 Gizmo，在视图内将其向下移动一些距离。

Step 15 在堆栈栏中选择【体积选择】选项，并激活 H （显示最终结果开/关切换）按钮。打开【软选择】卷展栏，勾选【使用软选择】复选框，调节选择范围。将【膨胀】的值设为-0.5 左右，将【收缩】的值设置为 1.68 左右，观察布面上【坑】的变化。

Step 16 设置一些关键帧动画，在视图内任意移动并旋转小球，可以发现小球所经过的地方，布面会陷下去。源文件参见【素材\Scene\Ch12\转动的小球.max】。

12.7　样条变形物体

【柔体】是专门用来模拟软体的动画修改器，使用该修改器可以创建各种样条变形效果，如模拟飘舞的旗帜、松软的绳子等。本节介绍如何使用该动画控制器创建样条变形物体的动画。

12.7.1　摇晃的橡胶棒

下面制作一个向前奔跑的橡胶棒，当橡胶棒停止运动后，会因为惯性发生强烈的振动现象。这里先通过这个简单的例子来了解【柔体】修改器的功能，详细步骤如下。

Step 01 在【顶视图】创建一个圆柱体，将【半径】设置为 800，【高度】设置为 5000，将【高度分段】设置为 30，【端面分段】设置为 5。

Step 02 按 N 键激活动画记录状态，并前进到第 20 帧。将橡胶棒向前移动一些距离，设置关键帧，产生向前运动的动画。

Step 03 取消动画记录状态，在菜单栏上选择【修改器】|【动画】|【柔体】命令。

Step 04 播放动画，可以看到橡胶棒产生了振动，但效果不是很明显。

Step 05 在堆栈栏中选择【柔体】修改器的次物体【中心】。这时可以看到橡胶棒的表面出现了很多不同颜色的顶点。越接近蓝色的顶点表示将会产生越强的振动效果，纯红色的顶点表示将不会受到伸缩的影响，如图 12-21 所示。

Step 06 打开【参数】卷展栏，将【柔软度】的值设置为 3（默认值为 1），增加橡胶棒的振动幅度。

Step 07 将【强度】的值设置为 1（默认值为 3），使橡胶棒显得更加柔软。

Step 08 将【倾斜】的值设置为 1（默认值为 7），以加快橡胶棒的振动频率，如图 12-22 所示。

图 12-21　顶点颜色图

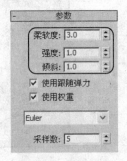

图 12-22　参数设置

Step 09 播放动画，观看效果。源文件参见【素材\Scene\Ch12\摇晃的橡胶棒.max】。

12.7.2　下坠的绳子

下面应用【柔体】修改器模拟下坠的绳子，详细步骤如下。

Step 01 重置场景。使用【线】工具在【前视图】中创建一条线段，作为绳子。进入修改命令面板，将当前选择集定义为【顶点】，在【前视图】中调整刚刚绘制的线段，如图 12-23 所示。在【渲染】卷展栏中勾选【在渲染中启用】复选框，设置【厚度】为 56，并为它赋予一种棋盘格贴图。

Step 02 在线段上选择除了第 1 个节点以外的全部节点，在菜单栏上选择【修改器】|【动画】|【柔体】命令。

Step 03 在 ✛（创建）命令面板上单击 ≋（空间扭曲）

图 12-23　创建绳子

按钮，再选择【重力】工具。在【前视图】创建一个重力物体。

Step 04 选择绳子，打开 ◩（修改）命令面板，在【参数】卷展栏中取消选中【使用跟随弹力】和【使用权重】复选框。

Step 05 打开【力和导向器】卷展栏，在【力】选项组中单击【添加】按钮，在视图内拾取前面创建的重力物体，使绳子产生下坠现象。

【力】选项组可用来为【柔体】修改器中的各种外力添加空间扭曲变形物体。通过【导向器】选项组可使用异向装置来阻拦物体的运动，以使软性物体模拟碰撞过程。

Step 06 打开【简单软体】卷展栏，单击【创建简单软体】按钮，创建软体。源文件请参见【素材 \Scene\Ch12\下坠的绳子.max】。

Step 07 播放动画，会看到绳子非常有弹性地来回弹动。

12.8 路径变形

在 3ds Max 中，提供了一个【路径变形】动画修改器，可以使物体沿着一条路径变形，并且可以制作动画。在电视上经常看到的三维文字环绕星球旋转类的动画通常都是应用这种方法制作的。这个动画修改器也可以塑造物体的形状，如使一条蛇沿着曲线的形状弯曲。

下面使用【路径变形】动画修改器来制作一个动画文字效果，详细步骤如下。

Step 01 重置场景。在【前视图】创建样条路径，作为使物体变形的引导线。

Step 02 在【前视图】中创建文字，在修改面板中选择【挤出】修改器，将其挤出。

Step 03 确保文字处于选中状态，进入 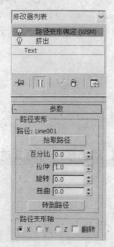 （修改）命令面板，在【修改器列表】中选择【路径变形（WSM）】修改器（注意，一定要选择【路径变形（WSM）】选项），表示使用世界空间的修改器，而不是选择【路径变形】选项。

Step 04 在【参数】卷展栏中单击【拾取路径】按钮，然后在视图内拾取样条路径。这时文字的位置会发生改变，但是并不一定正确。

Step 05 在 （修改）命令面板上单击【转到路径】按钮，使文字的位置与样条路径一致。

Step 06 在【路径变形轴】选项组中选择【X】轴，为文字确定正确的方向，如图 12-24 所示。如果发现 X、Y、Z 轴都不能使文字的方向正确，可以使用 （选择并旋转）工具来调整文字的位置。

Step 07 按 N 键激活动画记录状态，将滑块拖到第 100 帧处，并将文字移至样条路径的末端。

Step 08 播放动画，会看到文字从样条路径的一端跑到另一端，并且在前进过程中会随着样条路径的形状变化而变形，如图 12-25 所示。

图 12-24 设置【参数】卷展栏

图 12-25 路径变形动画

源文件参见【素材\Scene\Ch12\路径变形.max】。

12.9 本章小结

本章主要通过实例讲述了高级动画的技术，让读者能够举一反三，了解和掌握 3ds Max 2011 高级动画的制作。

使用动画控制器，可以更好地控制关键点之间的变化。3ds Max 中共有 50 多种动画控制器类型，在实际应用中，需要针对不同的项目使用不同的控制器。另外，根据轨迹对象类型的不同，弹出的控制器对话框的内容也随之不同。这里只讲述了其中的几种。

3ds Max 中包括正向运动和反向运动，其功能是有效地给物体设置和谐有序的动作。

12.9.1 经验点拨

在创建层级动画的时候，一个对象可以既有子对象也有父对象，可以有很多子对象，但只能有一个父对象。

反向运动学是一种与正向运动学相反的运动学系统。它通过操纵层级中的子物体，从而影响整个层级各个物体的运动方式。

12.9.2 习题

一、选择题

1. 在【动画】菜单中可以获得几种不同类型的控制器？（　　　）

A. 3   B. 4   C. 5   D. 6

2. 要创建水面上的物体随着水面一起浮动的动画，应该使用哪一个动画控制器？（　　　）

A. 路径约束   B. 附着约束   C. 目标约束   D. 正向约束

3. 要制作文字绕某一个路径运动的效果应该使用哪一个动画修改器？（　　　）

A. 路径变形   B. 变形   C. 柔体   D. 体积选择

二、简答题

1. 正向运动与反向运动的区别是什么？举例说明。

2. 柔体动画修改器能够表现哪些效果？

三、操作题

1. 操作每一种控制器，观察效果。

2. 先建立一个球体，然后用【修改器】|【动画】|【融化】动画修改器对其进行操作，观看效果。

第13章

骨骼系统

本章导读

本章主要介绍骨骼系统。在运用反向运动学系统进行角色动画创作时，通常需要创建骨骼系统，并为骨骼系统施加反向运动，然后将带有动画的骨骼系统进行蒙皮处理，从而得到逼真的角色动画。利用骨骼系统，可以方便地创建出具有复杂层级关系的人物、动画或机械结构。

知识要点

- ✪ 将物体转化为骨骼系统
- ✪ 认识骨骼系统
- ✪ 创建骨骼系统

13.1 将物体转化为骨骼系统

下面介绍如何将具有连接关系的物体转化为骨骼系统。方法如下：

Step 01 首先创建 3 个球体，如图 13-1 所示，并将 Sphere001 作为 Sphere002 的父物体，将 Sphere002 作为 Sphere003 的父物体进行连接。

Step 02 选择球体 Sphere003 作为 IK 链开始部分的物体，然后在菜单栏中选择【动画】|【IK 解算器】|【HI 解算器】命令。

Step 03 此时在该物体与鼠标指针之间出现一条灰色虚线，单击球体 Sphere001 作为 IK 连接部分的物体，生成 IK 系统。如果对其中的物体进行变换，其他 IK 系统中的物体将由 IK 解算器来计算其相应的运动规律，如图 13-2 所示。

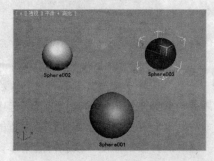

图 13-1　创建球体并建立链接关系

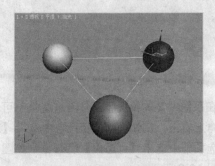

图 13-2　创建 IK 解算器

13.2 认识骨骼系统

骨骼系统是用于制作角色动画的重要工具，在 Max 中可以选择 ☀（创建）| ⚙（系统）|【骨骼】工具，并在视图区中拖动鼠标即可产生骨骼物体，连续创建的骨骼物体将自动具有链接关系，并形成骨骼系统。每个骨骼物体都有其自身的轴心点，用来作为旋转的中心。

> **提示**
>
> 在视图中单击，以定义第 1 个骨骼物体的开始点。移动鼠标并再次单击，定义第 1 个骨骼的终止点，也是第 2 个骨骼物体的开始点，同时它也是两个骨骼物体的连接关节部位，继续移动鼠标并单击即可创建第 2 个骨骼，依此类推，即可创建彼此具有连接关系的骨骼系统。

在创建系列骨骼物体时，当骨骼物体数目达到要求后，右击即可结束骨骼物体的创建过程。此时系统将自动添加一个小的骨骼物体，它可以用来设置 IK 链。创建骨骼系统的过程如图 13-3 所示。

> **提示**
>
> 创建一系列骨骼后，可以继续创建其上的分支骨骼，其方法是：在结束一个骨骼系统后，再次单击面板中的【骨骼】按钮，然后单击想要开始分支的骨骼物体，此时会产生一个新的骨骼分支，分支的起点为所选骨骼物体的终点，并自动作为该物体的子物体。

骨骼物体的【骨骼参数】卷展栏如图 13-4 所示。

- 【骨骼对象】选项组中的 3 个参数用来控制骨骼物体的形体尺寸。
- 【骨骼鳍】选项组用来控制骨骼物体的形状，选中【侧鳍】、【前鳍】、【后鳍】3 个复选框的骨骼物体如图 13-5 所示。

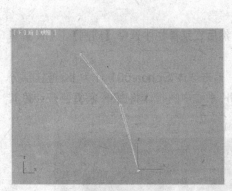
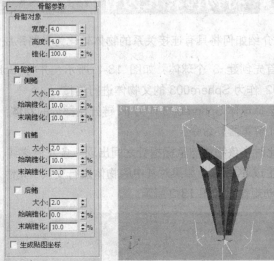
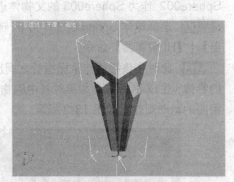

图 13-3　骨骼的创建过程　　图 13-4　【骨骼参数】卷展栏　　图 13-5　改变形状参数的骨骼物体

在系统默认的情况下，骨骼系统是不可渲染的。如果要对骨骼系统进行渲染，可以在选中的骨骼物体上右击，在弹出的快捷菜单中选择【对象属性】命令，在打开的【对象属性】对话框的【常规】选项卡中选中【可渲染】复选框，如图 13-6 所示，这时的骨骼物体便可以进行渲染了，其效果如图 13-7 所示。

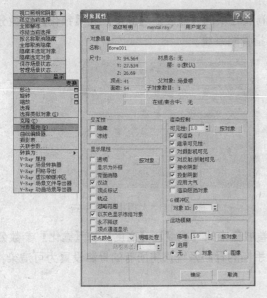

图 13-6　选中【可渲染】复选框

图 13-7　骨骼物体渲染效果

13.3　创建骨骼系统

下面通过一个建立手臂的小实例来说明骨骼系统的创建方法。

Step 01　选择 ✱（创建）|　（系统）|【骨骼】工具，在【顶视图】中拖动鼠标，创建如图 13-8 所示的彼此相连的两个骨骼物体，用来模拟大臂和小臂。

提示

完成小臂终点位置的确定后，右击将结束骨骼系统的创建，同时产生一个小的骨骼物体，这个物体可以用来进行 IK 链的设置，如果不需要也可以删除它。

Step 02　通过设置如图 13-4 所示的参数卷展栏可以控制骨骼的形状，并将骨骼物体设置为可渲染，其效果如图 13-9 所示。

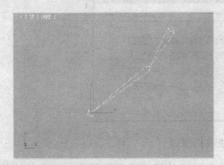

图 13-8　创建大臂和小臂

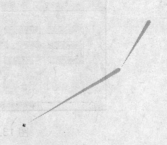

图 13-9　设置参数后的骨骼物体

Step 03　再次单击【骨骼】按钮，在【骨骼参数】卷展栏中将【宽度】、【高度】和【锥化】分别设置为 3、4 和 50。在【顶视图】中单击小臂下面的小骨骼，这样创建的骨骼物体将以该小骨骼为父物体，产生一个分支系统。拖动鼠标创建骨骼物体作为手掌，删除手掌下面的小骨骼物体，此时的骨骼物体如图 13-10 所示。

Step 04 再次单击【骨骼】按钮,将【骨骼参数】卷展栏中的【宽度】、【高度】和【锥化】参数分别设置为 3、3 和 90。创建如图 13-11 所示的大拇指骨骼系统。

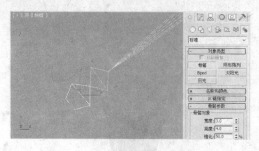 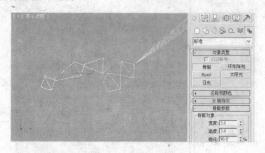

图 13-10 手掌骨骼   图 13-11 大拇指骨骼系统

Step 05 再次单击【骨骼】按钮,将【骨骼参数】卷展栏中的【宽度】、【高度】和【锥化】参数分别设置为 2、2 和 90。创建如图 13-12 所示的 4 个手指的骨骼系统。将所有的骨骼设置为可渲染,整个骨骼系统的渲染效果如图 13-13 所示。

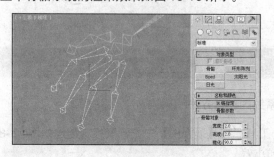 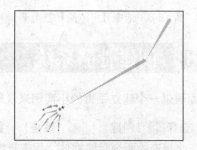

图 13-12 创建手指   图 13-13 手臂渲染效果

Step 06 单击工具栏中的 圉（图解视图）按钮,系统将弹出如图 13-14 所示的【图解视图 1】窗口,从中可以清楚地了解目前整个骨骼系统的结构,大臂、小臂和手掌组成骨骼系统,其他的 5 个手指分别组成各自的骨骼系统,手指和手掌之间没有连接关系,这是由于创建手指的第一个骨骼物体时没有以手掌作为父物体。

图 13-14 【图解视图 1】窗口

Step 07 单击工具栏中的 🔗（选择并链接）按钮,选择大拇指的第一个骨骼物体,并将其连接到手掌上,如图 13-15 所示。利用同样的方法,按住 Ctrl 键依次选中其他 4 个手指的第一个骨骼物体,将其连接到手掌上,如图 13-16 所示。

Step 08 单击工具栏中的 圉（图解视图）按钮,系统将弹出如图 13-17 所示的【图解视图 1】窗口,此时可以看出所有的骨骼物体都处于一个层级结构中,大臂为小臂的父物体,小臂为手掌的父物体,手掌为手指的父物体。

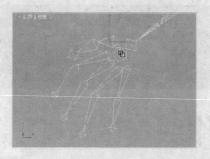

图 13-15 连接大拇指

图 13-16 连接其他手指

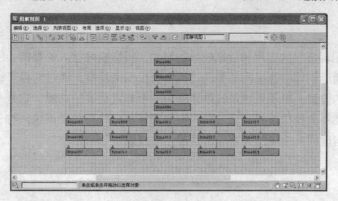

图 13-17 【图解视图 1】窗口

13.4 本章小结

本章通过实例讲解了有关骨骼的知识。关于骨骼的应用还有更复杂的内容,这里只要求读者掌握基本的骨骼的应用。

13.4.1 经验点拨

在制作人物行走动画的时候,不必按照角色动作的顺序来设置关键帧。例如,角色在第 20 帧开始抬腿,在 30 帧向前走一步,在 40 帧开始抬另一条腿,在 50 帧又向前走一步,可以先做出第 30 帧和第 50 帧的姿势,然后再返回去补充第 20 帧和第 40 帧的动作,这样既准确又方便。

13.4.2 习题

一、选择题

1. 通常通过哪种方式调整骨骼的大小?(　　　)

A. 骨骼工具命令　　　　　B. 等比缩放　　　　　C. 非等比缩放　　　　　D. 直接调整

2. 使用哪个修改器可以将其他对象链接在骨骼系统上?(　　　)

A. 蒙皮　　　　　B. 变形　　　　　C. 伸缩　　　　　D. 融化

二、操作题

不看书练习制作本章中的创建手臂的小实例。

第**14**章

摄影机与后期特效制作

本章导读

　　本章主要介绍摄影机的应用和后期特效的制作。摄影机好比人的眼睛，创建场景对象、布置灯光、调整材质所创作的效果图都要通过摄影机视图来观察。通过对摄影机的调整，可以决定视图中的模型的位置。粒子系统是三维动画中一个非常重要的功能，它是一个相对独立的造型系统，许多自然界的模拟效果如云、雾、雪和雨等都依赖于粒子系统。粒子系统主要用于表现动态的效果，与时间、速度的关系非常紧密，一般用于动画制作。

知识要点

　　✪ 摄影机　　　　　　　✪ 制作飘雪

　　✪ 景深与运动模糊　　　✪ 制作下雨

14.1　摄影机的应用

　　默认情况下，通常会选择【透视图】进行渲染。虽然在【透视图】内可以实现大部分的镜头操作，但也有很多重要的事情不能完成。例如，在【透视图】中无法实现恐怖片中常见的变焦动画效果，也无法制作电视上常见的摄影机航拍动画。这时不得不应用另一种工具——摄影机来解决这些问题。使用摄影机还可以实现景深、运动模糊等许多功能。

14.1.1　创建摄影机

　　选择摄影机有两种方法：在菜单栏上选择【创建】|【摄影机】命令，或在　（创建）命令面板上单击　（摄影机）按钮，如图 14-1 所示。然后，3ds Max 会给出两种类型的摄影机，分别是【目标】摄影机和【自由】摄影机。

　　单击【目标】摄影机按钮后，在视图内用鼠标拖动，就可以创建出一个目标摄影机。创建自由摄影机的方法更简单，单击【自由】摄影机按钮后，在视图内单击即可。

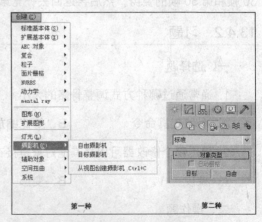

图 14-1　选择摄影机的两种方法

目标摄影机通过目标点来决定摄像方向，自由摄影机则通过自身的旋转来决定摄像方向。通常情况下，目标摄影机的使用频率高一些，但是制作一些摄影机捆绑动画，则会选择自由摄影机。这两种摄影机除了操作上有些不同之外，其余没有太大区别。

14.1.2　摄影机视图

创建摄影机后，就可以从摄影机的角度来观察画面。方法是：在任意一个视图名称上右击，从弹出的快捷菜单中选择【摄影机】|【Camera001】选项（Camera001 是根据摄影机的名字而定的），就可以将当前的视图转换为摄影机视图（快捷键是 C）。可以创建多架摄影机，所以也可以拥有多个摄影机视图。

将【透视图】转为摄影机视图后，因为摄影机的角度和当前的【透视图】角度不一致，这样会丢失原来的【透视图】。

有时候，可能希望将【透视图】的视角保存下来，方法是：激活【透视图】，在菜单栏中选择【视图】|【保存活动透视视图】命令，就可以将当前【透视图】保存下来。当想调用被保存起来的【透视图】时，在菜单栏上选择【视图】|【还原活动透视视图】命令即可。

14.1.3　摄影机的导航区

在进入摄影机视图后，导航区也会相应地发生变化，如图 14-2 所示。实际上，摄影机的导航区与【透视图】的导航区非常类似。这里，将介绍几个专门针对摄影机操作的功能。

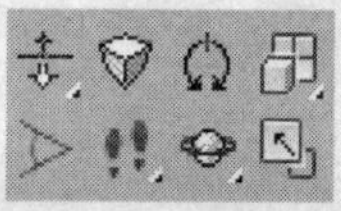

图 14-2　摄影机的导航区

- **推拉摄影机** ：如果选择的是目标摄影机，这里会提供 3 种分别针对摄影机和目标点的推拉方式。注意，推拉摄影机的图标分为上下两个箭头，上面的箭头代表目标点，下面的箭头代表摄影机。当箭头为红色时，表示处于活动状态；为黑色时，表示将不产生任何作用。
- **透视** ：改变摄影机的焦距。
- **侧滚摄影机** ：左右摇动、翻滚摄影机。
- **环游摄影机** ：通过围绕目标点旋转摄影机的方法旋转摄影机的视图角度。
- **摇移摄影机** ：默认情况下，先要按住 按钮，才会弹出 按钮。其功能是通过移动目标点改变摄影机镜头角度。

> **注 意**
>
> 在视图内摇动或旋转摄影机，会直接影响到摄影机视图的角度。虽然这样做会更精确一些，但不是很直观。

14.1.4　设置摄影机

在视图内，选择摄影机，打开 （修改）命令面板，可对摄影机进行设置，如图 14-3 所示。

图 14-3　设置摄影机

- **镜头、视野**：用来设置摄影机的镜头视场。经验上，距离目标点远一些时，可以适当增加镜头视场的值；近一些时，可以适当降低镜头视场的值。
- **正交投影**：选中该复选框后，镜头中将不能反映任何透视关系。这种设置经常使用在 45°角无透视关系的平面游戏中。如图 14-4 所示，在有透视关系的图中将反映出近大远小，而没有透视关系的图中则反映不出这一点。

图 14-4　未使用【正交投影】和使用【正交投影】的效果

14.1.5　景深与运动模糊

在 3ds Max 4.0 以后的版本中，摄影机中增加了景深和运动模糊的功能。景深就是将画面表现出层次，比如将背景画面进行模糊处理、烘托主画面。运动模糊是为了模仿真实摄影机的快门，因跟不上高速运动而产生的模糊效果。在制作高速运动的动画时，如果不使用运动模糊，最终的动画可能会有闪烁现象，如图 14-5 所示。

图 14-5　景深（左）与运动模糊（右）

1．制作景深效果

制作景深效果的具体步骤如下。

Step 01　打开【素材\Scene\Ch14\1.max】文件，如图 14-6 所示。

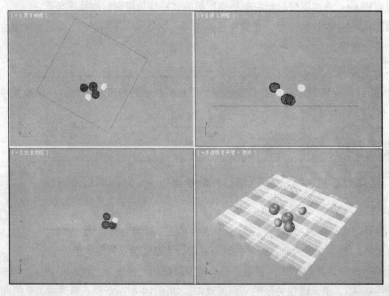

图 14-6　打开的场景文件

Step 02 在【顶视图】中创建一架目标摄影机，激活【透视图】，按 C 键将其转换为 Camera001 视图，并调整摄影机的角度和位置，如图 14-7 所示。

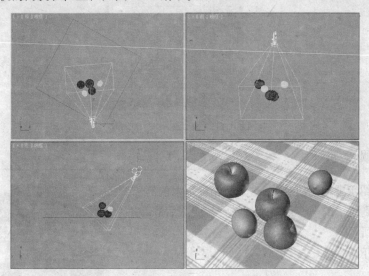

图 14-7 创建并调整摄影机

Step 03 选择摄影机，打开 🖉（修改）命令面板，在【参数】卷展栏中找到【多过程效果】选项组。确定下拉列表框中显示的是【景深】，选中【启用】复选框，启用景深功能，如图 14-8 所示。

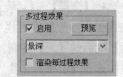

Step 04 渲染 Camera001 视图，可以看到模糊效果。如果觉得效果不是很强烈，可在 🖉（修改）命令面板的【景深参数】卷展栏中增加【采样半径】的值，如增加到 10。再次渲染 Camera001 视图，就会发现模糊效果增强了，如图 14-9 所示。

图 14-8 启用景深功能

图 14-9 不同景深效果的对比

2. 运动模糊

在使用运动模糊功能时，摄影机目标点的位置并不重要，但必须确定场景中有高速运动的物体。然后，通过对摄影机进行设置即可。设置方法是：选择摄影机，打开 🖉（修改）命令面板，在【多过程效果】选项组中将【景深】选项更换为【运动模糊】选项，再进行渲染，即可看到运动模糊效果。

14.2 粒子特效

3ds Max 2011 的粒子系统提供了 7 种不同类型的粒子，如图 14-10 所示。

图 14-10　7 种不同类型的粒子

14.2.1　制作飘雪

在这里将介绍飘雪动画的制作。这是一个最基本的例子，通过它可以了解到粒子的一些最基本的特性，完成后的静态效果如图 14-11 所示。

操作步骤如下。

图 14-11　飘雪效果

Step 01 运行 3D Max 2011 软件，重置场景文件。在菜单栏中选择【渲染】|【环境】命令，打开【环境和效果】对话框，在【公用参数】卷展栏中的【背景】选项组中单击【环境贴图】下面的【无】按钮，在打开的【材质/贴图浏览器】对话框中选择【位图】选项，单击【确定】按钮。再在打开的【选择位图图像文件】对话框中选择【素材\map\雪.jpg】文件，单击【打开】按钮，如图 14-12 所示。然后关闭【环境和效果】对话框。

图 14-12　设置环境背景

Step 02 在菜单栏中选择【视图】|【视口背景】|【视口背景(B)】命令，设置背景的显示。在打开的对话框中选中【背景源】选项组中的【使用环境背景】复选框，再选中【显示背景】复选框，将【视口】设置为【透视】，单击【确定】按钮，即可在透视图显示背景图像，如图 14-13 所示。

图 14-13　设置视口背景

Step 03 激活【顶视图】，选择 ⬥（创建）|○（几何体）|【粒子系统】|【雪】工具，在【顶视图】中创建一个雪粒子系统。在【参数】卷展栏中设置雪粒子的参数，在【粒子】选项组中将【视口计数】和【渲染计数】分别设置为 1000 和 800，将【雪花大小】和【速度】分别设置为 2.5 和 8，将【变化】设置为 2。在【渲染】选项组中选中【面】单选按钮，在【计时】选项组中将【开始】和【寿命】分别设置为-100 和 100，将【发射器】选项组中的【宽度】和【长度】分别设置为 430 和 488，如图 14-14 所示。

图 14-14　创建雪粒子系统

Step 04 在工具栏中单击 🔳（材质编辑器）按钮，打开【材质编辑器】对话框，为粒子系统设置材质，选择第一个材质样本球，将其命名为【雪】。

在【Blinn 基本参数】卷展栏中选中【自发光】选项组中的【颜色】复选框，然后将该颜色的 RGB 值设置为 196、196、196。

打开【贴图】卷展栏，单击【不透明度】后面的【None】按钮，在打开的【材质/贴图浏览器】对话框中选择【渐变坡度】选项，单击【确定】按钮，进入渐变坡度材质层级。在【渐变坡度参数】卷展栏中，将【渐变类型】定义为【径向】，打开【输出】卷展栏，选中【反转】复选框，如图 14-15 所示。

　　单击 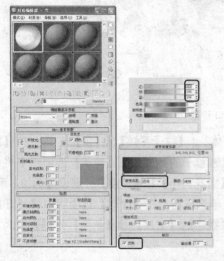（转到父对象）按钮，返回到父级材质层级中。单击 （将材质指定给选定对象）按钮，将其指定给场景中的粒子系统。

Step 05 选择 （创建）|（摄影机）|【目标】摄影机工具，在【顶视图】中创建一架目标摄影机，在【参数】卷展栏中将摄影机的【镜头】大小设置为 85，然后在视图中调整它的位置，激活透视图，按 C 键，将其转换为摄影机视图，其效果如图 14-16 所示。

图 14-15　设置【雪】材质　　　　　　　　　　　　　图 14-16　创建摄影机

Step 06 在工具栏中单击 （渲染设置）按钮，打开【渲染设置：默认扫描线渲染器】对话框，在【时间输出】选项组中选中【活动时间段】单选按钮，在【输出大小】选项组中单击 320x240 按钮，再单击【渲染输出】选项组中的【文件】按钮，进行动画文件的存储。在打开的对话框中设置好文件的存储路径、名称以及格式后，单击【保存】按钮。在弹出的【AVI 文件压缩设置】对话框中使用默认设置，直接单击【确定】按钮，如图 14-17 所示。返回到【渲染设置：默认扫描线渲染器】对话框，将【查看】设置为【Camera001】，单击【渲染】按钮，开始渲染动画。

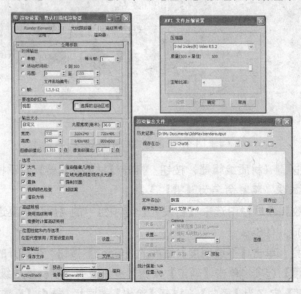

图 14-17　渲染设置

Step 07 完成动画的渲染之后，按照文件的存储路径和名称找到动画文件，即可打开它进行播放，最后将场景文件进行保存。

14.2.2 制作下雨

下雨效果的制作是使用喷射粒子系统制作，并通过为它设置图像运动模糊产生雨雾效果。创建完喷射粒子后右击，在弹出的快捷菜单中选择【对象属性】命令，为粒子系统设置运动模糊来表现场景中的雨雾效果，如图 14-18 所示。

图 14-18 下雨效果

操作步骤如下。

Step 01 新建一个场景文件，在菜单栏中选择【渲染】|【环境】命令，打开【环境和效果】对话框，在【公用参数】卷展栏中的【背景】选项组中单击【环境贴图】下面的【无】按钮，在打开的【材质/贴图浏览器】对话框中选择【位图】选项，单击【确定】按钮，再在打开的【选择位图图像文件】对话框中选择【素材\map\雨.jpg】文件，单击【打开】按钮，如图 14-19 所示。

图 14-19 指定背景贴图

Step 02 在菜单栏中选择【视图】|【视口背景】|【视口背景(B)】命令，在弹出的对话框中选中【使用环境背景】和【显示背景】复选框，将【视口】设置为【透视】，然后单击【确定】按钮，如图 14-20 所示。

图 14-20 显示背景贴图

Step 03 在透视图的左上角右击,在弹出的快捷菜单中选择【显示安全框】命令,或者按 Shift+F 组合键,为该视图添加安全框,如图 14-21 所示。

Step 04 选择 ✳ (创建) | ◯ (几何体) | 【粒子系统】| 【喷射】工具,在【顶视图】中创建一个【宽度】和【长度】分别为 800 和 500 的喷射粒子发射器。在【参数】卷展栏中将【粒子】选项组中的【视口计数】和【渲染计数】分别设置为 4000 和 40000,将【水滴大小】、【速度】和【变化】分别设置为 3、30 和 0.6,在【计时】选项组中将【开始】和【寿命】分别设置为-50 和 400,如图 14-22 所示。

图 14-21 显示安全框

图 14-22 创建并设置粒子系统

Step 05 单击工具栏中 (材质编辑器) 按钮,打开【材质编辑器】对话框,为粒子系统设置材质,激活第一个材质样本球,将其命名为【雨】,如图 14-23 所示。

在【Blinn 基本参数】卷展栏中将【环境光】和【漫反射】的 RGB 值设置为 230、230、230；将【反射高光】选项组中的【光泽度】设置为 0；选中【自发光】选项组中的【颜色】复选框，并将【颜色】的 RGB 值设置为 240、240、240，•将【不透明度】设置为 50。

打开【扩展参数】卷展栏，选择【高级透明】选项组中【衰减】下的【外】单选按钮，并将【数量】设置为 100，完成设置后将该材质指定给场景中的喷射粒子系统。

Step 06 选择 ❋（创建）|📷（摄影机）|【目标】摄影机工具，在【顶视图】中创建一架目标摄影机，在【参数】卷展栏中单击【备用镜头】选项组中的 28mm 按钮，将摄影机的镜头大小设置为 28mm。激活透视图，按 C 键将该视图转换为摄影机视图，然后调整摄影机的位置，其效果如图 14-24 所示。

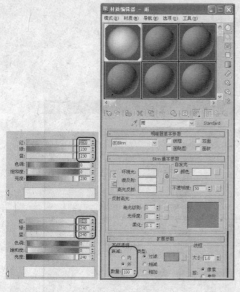

图 14-23 设置粒子系统的材质

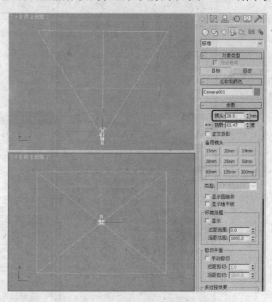

图 14-24 创建摄影机

Step 07 选择粒子系统，在其上右击，在弹出的快捷菜单中选择【对象属性】命令，在打开的【对象属性】对话框的【运动模糊】选项组中选中【图像】单选按钮，设置【倍增】为 1.8，单击【确定】按钮，为粒子添加图像运动模糊效果，如图 14-25 所示。

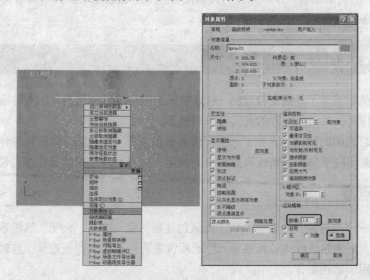

图 14-25 设置对象属性

Step 08 在工具栏中单击 🖼（渲染设置）按钮，打开【渲染设置：默认扫描线渲染器】对话框，在【公用参数】卷展栏中，选中【时间输出】选项组中的【活动时间段】单选按钮，在【输出大小】选项组中单击 720×486 按钮，再单击【渲染输出】选项组中的【文件】按钮。在弹出的对话框中设置文件的名称、保存路径及格式，单击【保存】按钮。在弹出的【AVI 文件压缩设置】对话框中使用默认设置，直接单击【确定】按钮，如图 14-26 所示。返回到【渲染设置：默认扫描线渲染器】对话框，将【查看】设置为 Camera001，单击【渲染】按钮，开始渲染动画。

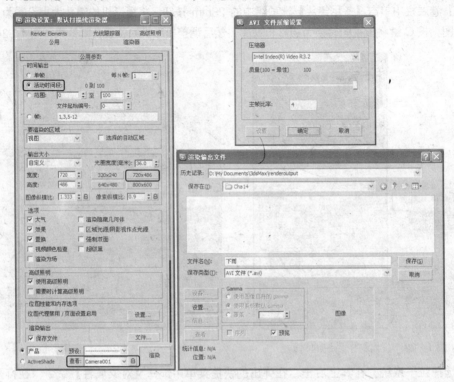

图 14-26　设置渲染参数

Step 09 完成动画的渲染之后，按照文件的存储路径和名称找到动画文件，即可打开它进行播放，最后对场景文件进行保存。

14.3　本章小结

　　真实世界中的场景并不是孤立存在的，总是被一定的环境所包围着。环境对场景氛围的设置起到了极为关键的作用，对增加场景的真实性非常重要。

　　在前面讲述灯光的时候已经介绍了一些环境效果的创作，如火焰、雾气和各种光线效果。本章主要讲述了一些常用粒子特效的制作和摄影机的应用，以及一些简单的后期渲染设置。

14.3.1　经验点拨

　　粒子系统是一个相对独立的造型系统，用来创建雨、雪、泡沫、火花、气流等，它还可以将任何造型作为粒子，用来表现群体动画效果。粒子系统主要用于表现动画效果，与时间、速度的关系非常紧密，一般用于动画制作。

14.3.2　习题

一、选择题

1. 3ds Max 2011 提供了几种粒子效果？（　　　）

A. 4　　　　　　　　B. 5　　　　　　　　C. 6　　　　　　　　D. 7

2. 通常使用哪种粒子来制作下雨效果？（　　　）

A. 喷射　　　　　　B. 雪　　　　　　C. 飞沫　　　　　D. 粒子云

3. 3ds Max 中提供了几种类型的摄影机？（　　　）

A. 一种　　　　　　B. 两种　　　　　C. 三种　　　　　D. 四种

二、操作题

不看书练习制作本章中的【飘雪】动画。

第15章

综合案例

本章导读

在本章提供的两个例子中，涵盖了前面所学习的内容。一个是制作关键帧动画，另一个是使用【可编辑多边形】创建圆珠笔。通过制作这两个案例，来巩固所学的内容。

知识要点

✪ 关键帧动画——文字标版
✪ 制作圆珠笔

15.1 关键帧动画——文字标版

本例的制作比较简单，主要介绍了材质动画和摄影机动画，并通过【Video Post】视频合成器进行合成。

在制作本例时用到了两个摄影机动画，在制作的过程中往往第一个摄影机和第二个摄影机动画在接连时会表现得不真实，所以调整好摄影机位置很关键。制作完成后的静态效果如图 15-1 所示。

图 15-1　文字标版效果

15.1.1　设置材质动画

Step 01　重置一个新的场景文件。

Step 02　打开【素材\Scene\Ch15\文字.max】文件，该场景中是一个已经完成了金属材质设置后的字体模型，但还没有为该模型赋予动画，下面我们将为它设置动画，如图 15-2 所示。

在接下来的操作中，将对字体的金属质感材质设置动画，这样该字体在动画的过程中材质也会相应的变化。

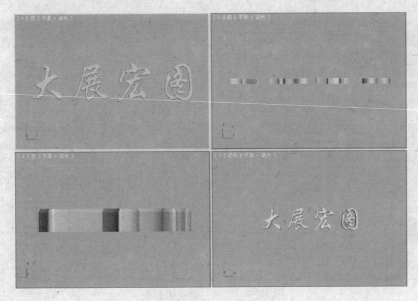

图 15-2 打开的【文字】文件

Step 03 按 M 键，打开【材质编辑器】，将时间滑块拖曳至 200 帧位置处，打开【自动关键点】按钮，按照如图 15-3 所示分别将【反射高光】选项组下的【高光级别】和【光泽度】设置为 60 和 100，设置完成后关闭【自动关键点】按钮。

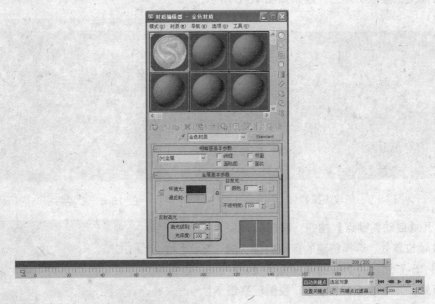

图 15-3 设置材质动画

15.1.2 设置摄影机动画

合理地使用摄影机对整个图像效果或动画影响非常大。

Step 01 选择 ✵ （创建）| 📷 （摄影机）|【目标】摄影机，在【顶视图】中创建一架摄影机，并在其他视图中调整它的位置，在【参数】卷展栏中将【镜头】设置为 23。激活【透视图】，按 C 键将其转换为摄影机视图，如图 15-4 所示。

221

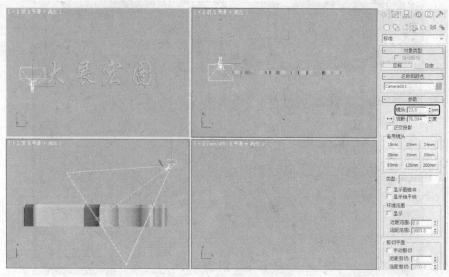

图 15-4　创建并调整摄影机

Step 02 选择 ✴（创建）| ▣（辅助对象）|【虚拟对象】工具，在【顶视图】中摄影机的位置处依照如图 15-5 所示的位置创建一个虚拟物体。

Step 03 在视图中选择摄影机，在工具栏中选择 🔗（选择并链接）按钮，然后在摄影机上按住鼠标左键并将其拖曳至虚拟物体上，效果如图 15-6 所示。

图 15-5　创建虚拟物体

图 15-6　将摄影机与虚拟物体相连

Step 04 打开【自动关键点】按钮，将时间滑块拖曳至 100 帧位置处，选择创建的虚拟物体，然后按照如图 15-7 所示将虚拟物体拖曳至【宏】字的右下方处，并通过 Camera001 视图观察最终的效果，关闭【自动关键点】按钮。

Step 05 在这里，摄影机作为虚拟物体的子物体而跟随着虚拟物体移动。这种方法在制作一些摄影机移动的动画时非常方便。

Step 06 进入 ▣（显示）命令面板，选择【按类别隐藏】卷展栏中的【辅助对象】复选框，将虚拟物体隐藏，效果如图 15-8 所示。

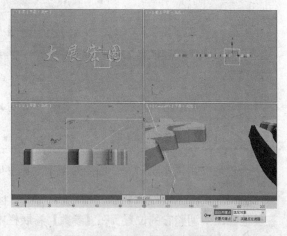

图 15-7　创建虚拟物体动画

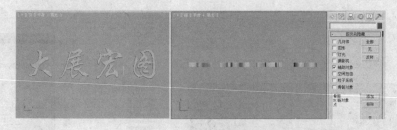

图 15-8　隐藏辅助对象

Step 07 选择 ✳ (创建) | 🎥 (摄影机) | 【目标】摄影机, 在【顶视图】中创建一架摄影机, 并在其他视图中调整它的位置。在【参数】卷展栏中将【镜头】参数设置为 23。激活【前视图】, 按 C 键将其转换为 Camera002 视图, 如图 15-9 所示。

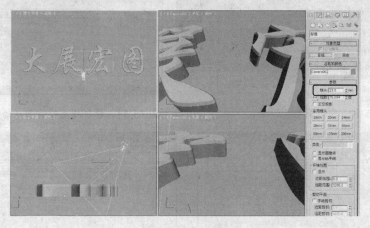

图 15-9　创建摄影机

Step 08 打开【自动关键点】按钮, 将时间滑块拖曳至 200 帧位置处, 然后依照如图 15-10 所示移动摄影机, 在调整摄影机的过程中可以观察 Camera002 视图中字体显示的情况来确定摄影机的范围。然后在轨迹条中选择位于第 0 帧处的关键帧, 将它移至第 100 帧位置处, 该操作的目的是使 Camera002 摄影机在 100 帧的位置处开始移动, 如果不调整 Camera002 的关键帧, 那么该摄影机将在第 0 帧的位置处开始运动。最后关闭【自动关键点】按钮。

Step 09 完成设置后拖曳视图底端的时间滑块, 用来观察设置的动画效果。

Step 10 激活 Camera001 视图, 然后在菜单栏中选择【渲染】|【Video Post】命令, 在打开的【Video Post】视频修改器面板中单击 🎞 (添加场景事件) 按钮, 接着在打开的【添加场景事件】面板中使用系统默认设置, 单击【确定】按钮, 如图 15-11 所示。

Step 11 单击【Video Post】面板右下方的 🔲 (最大化显示) 按钮, 将轨迹条最大化显示在面板中, 选择 Camera001 摄影机第 200 帧处的关键点并将其拖曳至第 100 帧位置处, 如图 15-12 所示。

　　依照上述方法将第二个摄影机对象添加到【Video Post】面板中, 完成添加后将 Camera002 摄影机第 0 帧处的关键帧移动至第 100 帧位置处, 如图 15-13 所示。

Step 12 单击 📑 (添加图像输出事件) 按钮, 在打开的【添加图像输出事件】对话框中单击【文件】按钮, 然后在打开的对话框中将当前输出动画文件命名为【文字】, 将【保存类型】设置为【AVI 文件 (*.avi)】, 单击【保存】按钮。在打开的对话框中将【主帧比率】设置为 0, 单击【确定】按钮, 回到【添加图像输出事件】对话框, 单击【确定】按钮, 退回到【Video Post】面板中, 如图 15-14 所示。

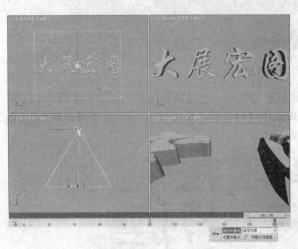

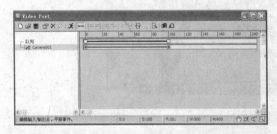

图 15-10 创建摄影机动画　　　　　图 15-11 添加摄影机到 Video Post 序列中

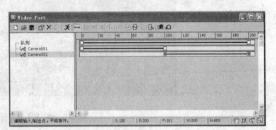

图 15-12 调整关键帧　　　　　图 15-13 添加 Camera002 摄影机并调整关键帧

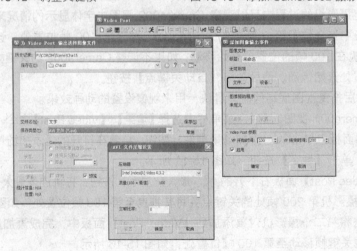

图 15-14 输出存储文件

Step 13 设置完成后的效果如图 15-15 所示。

Step 14 单击 ✖ (执行序列) 按钮，在打开的【执行 Video Post】对话框中选中【时间输出】选项组下的【范围】单选按钮。在【输出大小】选项组下单击 320×240 按钮，最后单击【渲染】按钮进行渲染，效果如图 15-16 所示。

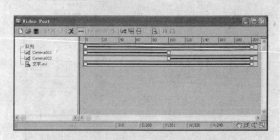

图 15-15　设置完成后的 Video Post 面板

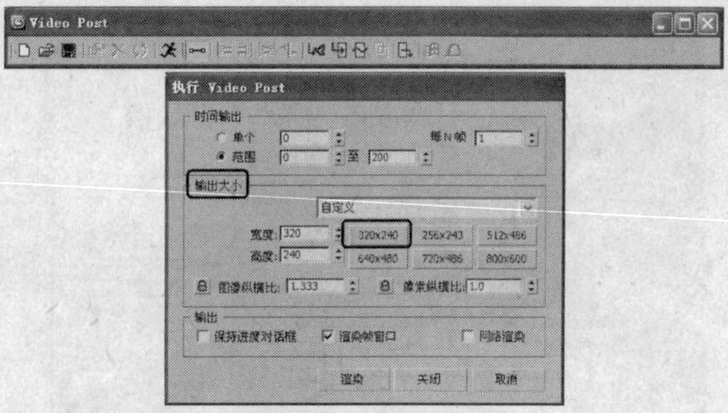

图 15-16　渲染动画

Step 15　渲染完成后将场景文件保存。

15.2　制作圆珠笔

下面使用编辑多边形建模制作圆珠笔，完成的效果如图 15-17 所示。

Step 01　重置一个新的场景文件。

Step 02　选择 ※（创建）|　○（几何体）|【圆柱体】工具，在【前视图】中创建一个【半径】、【高度】分别为 10、180 的圆柱体，如图 15-18 所示。

Step 03　确定圆柱体选中的情况下，右击鼠标，在弹出的快捷菜单中选择【转换为】|【转换为可编辑多边形】命令，如图 15-19 所示。

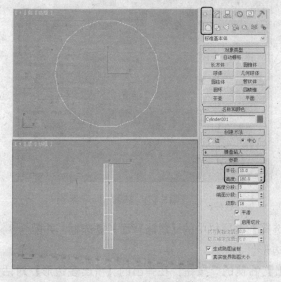

图 15-18　创建圆柱体

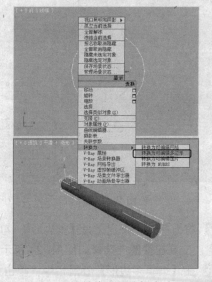

图 15-19　转换为可编辑多边形

图 15-17　圆珠笔效果

Step 04　切换到 ⊘ 修改命令面板，将当前选择集定义为【顶点】，在【顶视图】选择圆柱体下方的顶点，右击工具箱中的 ⊟（选择并均匀缩放）工具，在弹出的【缩放变换输入】对话框中，设置【偏移：屏幕】选项组下的百分比为 13%，按 Enter 键确认，如图 15-20 所示，关闭对话框。

Step 05　使用 ✛（选择并移动）工具，在【顶视图】中调整顶点的位置，如图 15-21 所示。

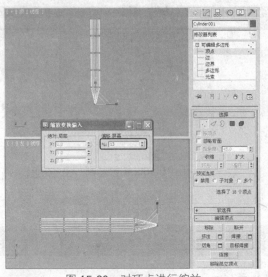

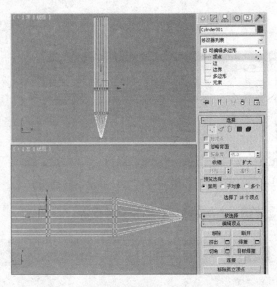

图 15-20　对顶点进行缩放　　　　　　　图 15-21　调整顶点位置

Step 06 在 修改命令面板中，将当前选择集定义为【边】，在【顶视图】中选择需要连接的边，如图 15-22 所示。在【编辑边】卷展栏中，单击【连接】右侧的 按钮，弹出【连接边】对话框，设置【分段】为 11，单击【确定】按钮，如图 15-23 所示。

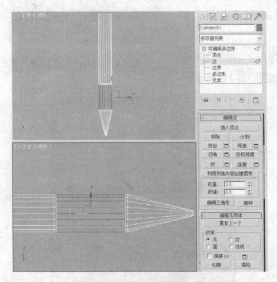

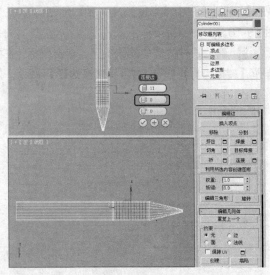

图 15-22　选择边　　　　　　　　　　　图 15-23　连接边

Step 07 将当前选择集定义为【多边形】，勾选【选择】卷展栏中的【忽略背面】复选框，并配合 （环绕）工具在视图中选择如图 15-24 所示的多边形。

Step 08 在【编辑多边形】卷展栏中，单击【挤出】右侧的 按钮，在弹出的【挤出多边形】对话框中，设置【高度】为 0.6，单击【确定】按钮，将选中的多边形挤出，如图 15-25 所示。

Step 09 在视图中取消多边形的选择，使用 （选择并移动）工具，在【选择】卷展栏中取消【忽略背面】复选框的勾选，再在视图中选择如图 15-26 所示的多边形，在【编辑多边形】卷展栏中，单击【挤出】右侧的 按钮，在弹出的【挤出多边形】对话框中，设置【高度】为-0.04，单击【确定】按钮，如图 15-26 所示。

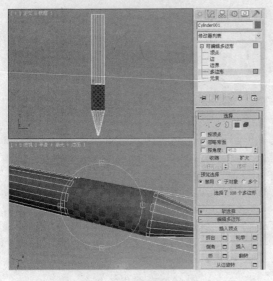

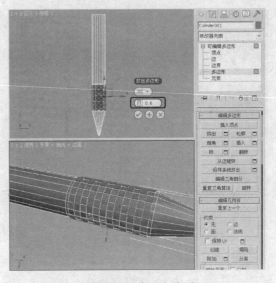

图 15-24　选择多边形　　　　　　　　　图 15-25　挤出多边形

Step 10　在【顶视图】中选择如图 15-27 所示的多边形，在【编辑几何体】卷展栏中，单击【分离】
按钮，弹出【分离】对话框，设置【分离为：】为【皮套】，单击【确定】按钮。

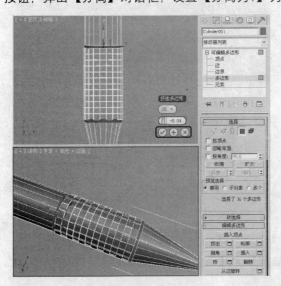

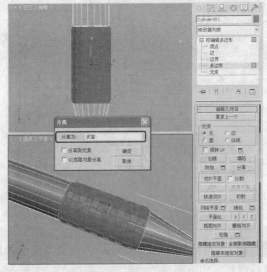

图 15-26　挤出多边形　　　　　　　　　图 15-27　分离多边形

Step 11　将【皮套】对象隐藏，在视图中选择顶部的多边形，在【编辑多边形】卷展栏中，单击【插入】
右侧的□按钮，在弹出的【插入】对话框中，设置【数量】为 5，单击【确定】按钮，如图 15-28 所示。

Step 12　再单击【编辑多边形】卷展栏中【挤出】右侧的□按钮，在弹出的【挤出多边形】对话框
中，设置【高度】为 15，单击【确定】按钮，如图 15-29 所示。

Step 13　在【编辑多边形】卷展栏中，单击【倒角】右侧的□按钮，在弹出的【倒角】对话框中，
设置【高度】、【轮廓】分别为 3.5、3，单击【确定】按钮，如图 15-30 所示。

Step 14　关闭当前选择集，选择 ■（创建）|　○（几何体）|　【圆柱体】工具，在【前视图】中
如图 15-31 所示的位置处，创建一个【半径】、【高度】分别为 1.2、10 的圆柱体。将圆柱体转换为
可编辑多边形。

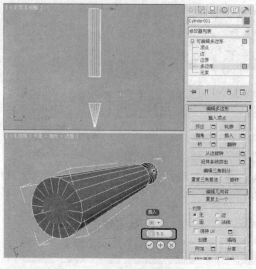

图 15-28 插入多边形

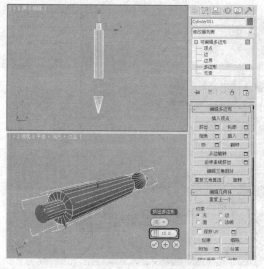

图 15-29 挤出多边形

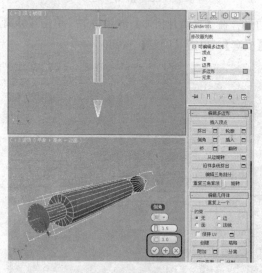

图 15-30 倒角多边形

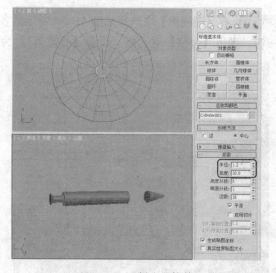

图 15-31 创建圆柱体

Step 15 切换到 修改命令面板，设置当前选择集定义为【顶点】，在【左视图】对圆柱体的顶点进行调整，作为圆珠笔的笔芯，如图 15-32 所示。

Step 16 关闭当前选择集，选择【Cylinder001】，在修改命令面板中，定义当前选择集为【边】，在视图中选择边，在【编辑边】卷展栏中，单击【连接】右侧的 按钮，在弹出的【连接边】对话框中，设置【分段】为 2，单击【确定】按钮，如图 15-33 所示。

Step 17 将当前选择集定义为【顶点】，在【顶视图】中调整顶点的位置，如图 15-34 所示。

Step 18 顶点调整完成后，将当前选择集定义为【多边形】，在【顶视图】中选择如图 15-35 所示的多边形，在【编辑多边形】卷展栏中，单击【挤出】右侧的 按钮，在弹出的【挤出多边形】对话框中，设置【高度】为 4，单击【确定】按钮，如图 15-35 所示。

Step 19 确定多边形选中的情况下，单击【编辑多边形】卷展栏中【挤出】右侧的 按钮，在弹出的【挤出多边形】对话框中，设置【高度】为 3，单击【确定】按钮，如图 15-36 所示。

Step 20 将当前选择集定义为【顶点】，在【左视图】中调整顶点的位置，如图 15-37 所示。

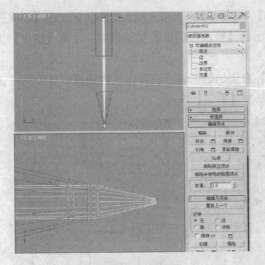

图 15-32　调整顶点

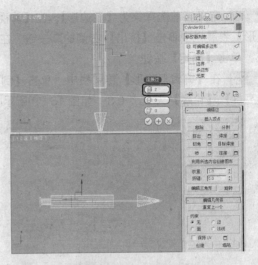

图 15-33　连接边

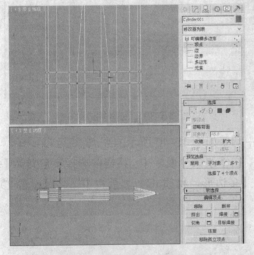

图 15-34　调整顶点的位置

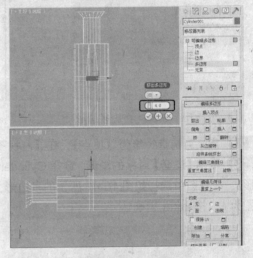

图 15-35　挤出多边形

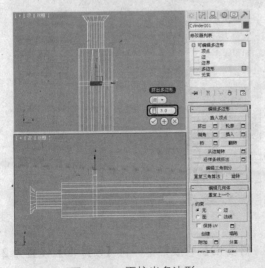

图 15-36　再挤出多边形

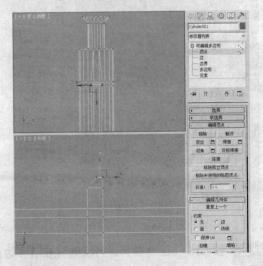

图 15-37　调整顶点

229

Step 21 定义当前选择集为【多边形】，在【前视图】中选择如图 15-38 所示的多边形，在【编辑多边形】卷展栏中单击【挤出】右侧的□按钮，在弹出的【挤出多边形】对话框中，设置【高度】为 35，单击【确定】按钮。

Step 22 在【编辑多边形】卷展栏中，单击【倒角】右侧的□按钮，在弹出的对话框中，分别设置【高度】、【轮廓】为 2、-0.3，如图 15-39 所示，单击【确定】按钮。

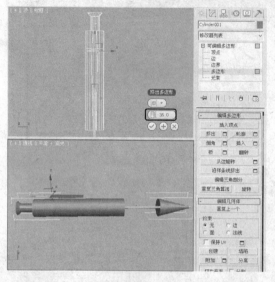

图 15-38　挤出多边形

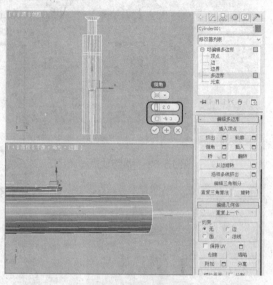

图 15-39　倒角多边形

Step 23 定义当前选择集为【顶点】，在【左视图】中调整如图 15-40 所示的顶点。

Step 24 取消【皮套】对象的隐藏，选择 Cylinder001，在修改命令面板中，将当前选择集定义为【多边形】，在视图中选择如图 15-41 所示的多边形，在【多边形：材质 ID】卷展栏中，将【设置 ID】设置为 1，按 Enter 键确认。

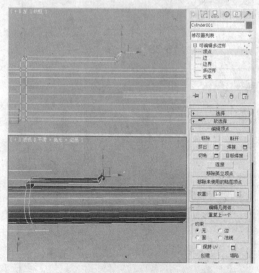

图 15-40　调整顶点

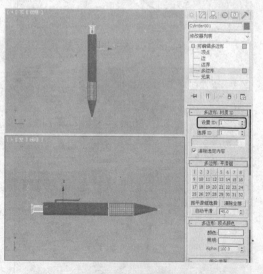

图 15-41　设置 ID 值为 1

Step 25 按 Ctrl+I 组合键，进行反选，在【多边形：材质 ID】卷展栏中，将【设置 ID】设置为 2，按 Enter 键确认，如图 15-42 所示。

Step 26 选择 Cylinder001，按 M 键，打开【材质编辑器】，选择一个新的材质样本球，并将其命名为【圆珠笔材质】。单击【Standard】按钮，在弹出的【材质/贴图浏览器】对话框中，选择【多维/子对象】，单击【确定】按钮。在弹出的【替换材质】对话框中，单击【确定】按钮。

Step 27 在【多维/子对象基本参数】卷展栏中，单击【设置数量】按钮，在弹出的对话框中，设置【材质数量】为 2，单击【确定】按钮。单击 ID1 右侧的灰色长条按钮。

Step 28 进入 ID1 子级材质面板中，在【明暗器基本参数】卷展栏中将明暗器类型定义为 Blinn。

在【Blinn 基本参数】卷展栏中，将【环境光】和【漫反射】的 RGB 设置为 75、139、255。

在【贴图】卷展栏中，设置【反射】的【数量】为 20，单击其右侧的【None】按钮，在弹出的对话框中选择【位图】贴图，单击【确定】按钮。在弹出的对话框中选择【素材\map\003.tif】，单击【打开】按钮，如图 15-43 所示。

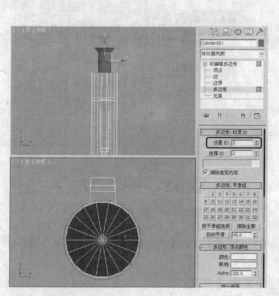

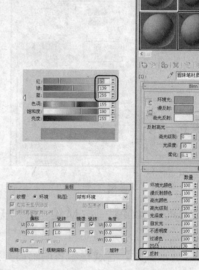

图 15-42 设置 ID 值为 2　　　　　　　　图 15-43 设置多维子对象材质

Step 29 单击（转到父对象）按钮，返回到子材质面板中。单击（转到下一个同级项）按钮，进入同级材质面板，在【明暗器基本参数】卷展栏中将明暗器类型定义为 Blinn。

在【Blinn 基本参数】卷展栏中，将【环境光】和【漫反射】的 RGB 设置为 47、47、47，将【自发光】选项组下的颜色设置为 30，将【反射高光】选项组下的【高光级别】和【光泽度】设置为 50 和 40。

在【贴图】卷展栏中，设置【反射】的【数量】为 60，单击其右侧的【None】按钮，在弹出的对话框中选择【位图】贴图，单击【确定】按钮，如图 15-44 所示。在弹出的对话框中选择【素材\map\003.tif】，单击【打开】按钮。单击（转到父对象）按钮和（将材质指定给选定对象）按钮。

Step 30 在场景中选择【皮套】对象，按 M 键，打开【材质编辑器】，选择第二个材质样本球，并将其命名为【皮套】。

在【明暗器基本参数】卷展栏中将明暗器类型定义为 Blinn。

在【Blinn 基本参数】卷展栏中，将【环境光】和【漫反射】的 RGB 设置为 47、47、47，将

【自发光】选项组下的颜色设置为 30，将【反射高光】选项组下的【高光级别】和【光泽度】设置为 50 和 40。

在【贴图】卷展栏中，设置【反射】的【数量】为 60，单击其右侧的【None】按钮，在弹出的对话框中选择【位图】贴图，单击【确定】按钮，如图 15-45 所示。在弹出的对话框中选择【素材\map\003.tif】，单击【打开】按钮。单击（转到父对象）按钮和（将材质指定给选定对象）按钮。

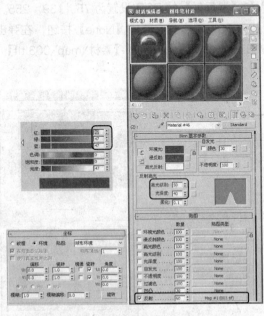

图 15-44 设置 ID2 子材质

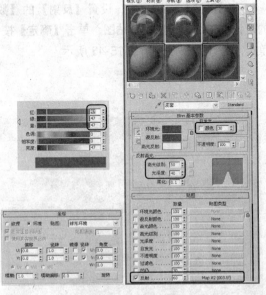

图 15-45 设置皮套材质

Step 31 选择【Cylinder002】，按 M 键，打开【材质编辑器】，选择一个新的材质样本球，并将其命名为【金属】。

在【明暗器基本参数】卷展栏中将明暗器类型定义为【金属】。

在【金属基本参数】卷展栏中，将【环境光】的 RGB 设置为 0、0、0，将【漫反射】的 RGB 设置为 255、255、255，将【反射高光】选项组下的【高光级别】和【光泽度】设置为 100 和 86。

在【贴图】卷展栏中，设置【反射】的【数量】为 70，并单击其右侧的【None】按钮，在弹出的对话框中选择【位图】贴图，单击【确定】按钮。在打开的对话框中选择【素材\map\Metal01.tif】，单击【打开】按钮。

进入反射通道面板，设置【坐标】卷展栏中【瓷砖】下的 U、V 分别为 0.4、0.1，单击（转到父对象）按钮和（将材质指定给选定对象）按钮，将该材质指定给 Cylinder002 对象，如图 15-46 所示。

Step 32 选择（创建）|（几何体）|【长方体】工具，在【顶视图】中创建一个【长度】、【宽度】、【高度】分别为 800、800、0 的长方体，如图 15-47 所示。

Step 33 选择新创建的长方体，按 M 键，打开【材质编辑器】，选择一个新的材质样本球。

在【明暗器基本参数】卷展栏中将明暗器类型定义为 Blinn。

在【贴图】卷展栏中，单击【漫反射颜色】右侧的【None】按钮，在弹出的对话框中选择【位图】贴图，单击【确定】按钮。在打开的对话框中选择【素材\map\05-ro.jpg】，单击【打开】按钮。

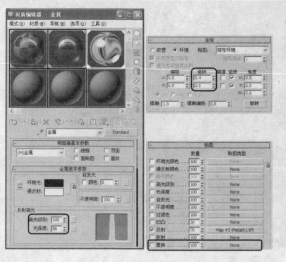

图 15-46　设置金属材质

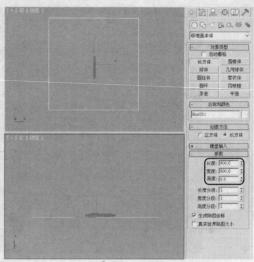

图 15-47　创建长方体

在【坐标】卷展栏中将【瓷砖】下的 U、V 设置为 3，3。单击　（转到父对象）按钮。再在【贴图】卷展栏中将【反射】的【数量】设置为 15，并单击其右侧的【None】按钮，在弹出的对话框中选择【平面镜 Flat Mirror】贴图，单击【确定】按钮。在打开的【平面镜参数】卷展栏中选择【应用于带 ID 的面】复选框，单击　（转到父对象）按钮和　（将材质指定给选定对象）按钮，如图 15-48 所示。

Step 34　选择　（创建）|　（摄影机）|【目标】摄影机，在视图中创建目标摄影机，并调整摄影机的位置。激活【透视图】，按 C 键将其转换为摄影机视图，如图 15-49 所示。

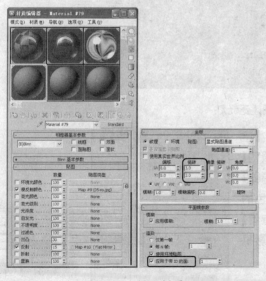

图 15-48　设置材质

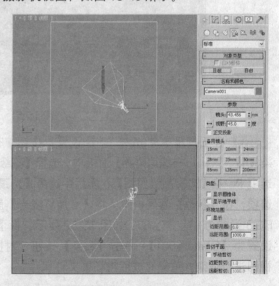

图 15-40　创建摄影机

Step 35　选择　（创建）|　（灯光）|【天光】工具，在【顶视图】中创建天光。在【天光参数】卷展栏中将【倍增】设置为 0.75，如图 15-50 所示。

Step 36　选择　（创建）|　（灯光）|【泛光灯】工具，在视图中创建并调整泛光灯的位置，在【强度/颜色/衰减】卷展栏中，将【倍增】设置为 0.3，如图 15-51 所示。

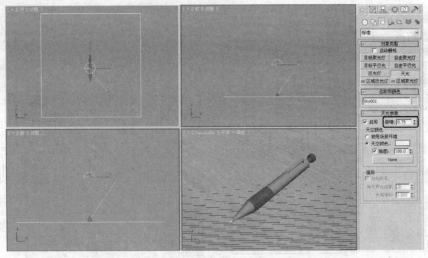

图 15-50　创建天光

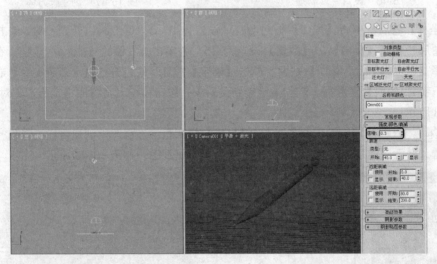

图 15-51　创建泛光灯

Step 37 在工具箱中单击 🖼 (渲染设置) 按钮，在【渲染设置：默认扫描线渲染器】面板中，选择【高级照明】选项卡，在【选择高级照明】卷展栏中选择【光跟踪器】选项，在【参数】卷展栏中，将【附加环境光】颜色的 RGB 设置为 87、87、87，如图 15-52 所示，将【查看】设置为【Camera001】，单击【渲染】按钮，对摄影机视图进行渲染。渲染完成后将场景文件保存。

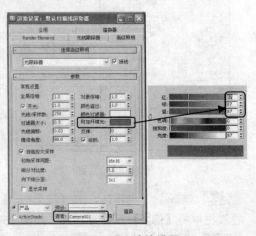

图 15-52　渲染设置

附录

习题参考答案

第1章

一、选择题

1. D   2. D   3. D   4. D

二、简答题

1. 影视广告、建筑装潢、工业设计、网页设计、游戏开发、军事科技、生物化学、医学治疗、事故分析、教育娱乐和抽象艺术等领域。

2. 在菜单栏上选择【自定义】|【自定义用户界面】命令，从弹出的对话框中选择软件的安装路径并找到【discreet-light.ui】，单击【打开】按钮即可。

第2章

一、选择题

1. C   2. A

二、简答题

3ds Max 2011 在工具栏上提供了 3 种坐标轴心设置方案，分别是【使用选择集中心】、【使用轴心点中心】和【使用变换坐标系统中心】。

第3章

一、选择题

1. C   2. A   3. D   4. D

第4章

一、选择题

1. A   2. C   3. B   4. A

二、简答题

提供了线、矩形、圆形、椭圆形、弧、圆环、多边形、星形、文字、螺旋线和截面共 11 种创建基本二维形体的绘图工具。

第5章

一、选择题

1. B　　　　2. D

二、简答题

制作放样对象的一般方法如下。

（1）画出一个二维样条曲线作为放样的路径。
（2）画出一个或多个二维样条曲线作为放样对象的截面。
（3）任意选取一个路径或者截面。
（4）在 ▨（创建）命令面板的下拉列表中选择【复合物体】类别，然后单击【放样】按钮。

如果选择的物体是路径，就单击【获取图形】按钮，然后依次在视图中选择截面；如果选择的是截面，就单击【获取路径】按钮并在视图中选择路径。

第6章

一、选择题

1. A　　　2. D

二、简答题

1. 3ds Max 2011 中提供的布尔运算包括并集运算、交集运算、差集运算和切割运算。
2. 图形合并的建模方法是将任意多个样条物体映射到多边形物体的表面。例如，将文字物体映射到多边形物体的表面，然后可以沿着文字的形状对多边形进行镂空等操作。

第7章

一、选择题

1. C　　　2. D

二、简答题

利用修改器进行模型变形的一般过程如下。

（1）创建原始模型，设置适当的参数。注意，一些模型的【高度分段】、【宽度分段】等参数是很多修改器进行变形的关键。
（2）从菜单或者修改器列表中选择一种修改器。
（3）在命令面板中的参数卷展栏中设置各项参数，或者在视图中调整各个控制点。
（4）在堆栈栏中选择【线框】或者【中心】进一步调整模型。
（5）从修改器列表中选择另一种修改器，继续使用修改器。

第 8 章

一、选择题

1. A　　2. B　　3. C　　4. C

二、简答题

1. 多边形建模的一般过程如下。

（1）选择原始模型。

（2）把模型转变为【可编辑网格】或者【编辑多边形】形式。

（3）选择【可编辑网格】或者【编辑多边形】的次物体。

（4）对次物体进行调整（分割、焊接或者挤压）和增加修改器。

（5）完善多边形建模。

2. 创建 NURBS 曲面有两种方法。一种方法是打开 ✳ （创建）中的 ◯ （几何体）面板，在下拉列表中选择 NURBS 曲面几何体类型；然后在【物体类型】卷展栏中选择一种曲面类型，在视图中拖动鼠标产生一个 NURBS 曲面。另一种方法是将其他几何体直接转化成 NURBS 模型。

第 9 章

一、选择题

1. A　　2. B　　3. B　　4. A

二、简答题

1. 卡通材质类型用来创建卡通材质效果。建筑材质是 3ds Max 2011 专门表现建筑物的材质。

2. 通常情况下，【UVW 贴图】修改器可以胜任大多数的工作，但是不能够对物体的具体位置指定贴图坐标。这样，当需要在物体表面详细地描述贴图位置时，【UVW 贴图】修改器的功能就远远不够了，而【UVW 展开】修改器可以胜任这一项工作，允许直接手动调节物体贴图坐标的位置。

第 10 章

一、选择题

1. C　　2. C　　3. D　　4. A

二、简答题

1. 在平行光或聚光灯中，两个用来标识照明范围的线框分别代表着不同的含义。里层的线框范围代表光线实际的照明范围，而外层的线框代表光线衰减的范围。如果光线的衰减范围与实际照明范围比较接近，那么灯光在照明时，光线的边界将会十分清晰。如果光线的衰减范围与实际照明范围距离较大，那么光线的边界就会变得柔和。

2. 所谓光能传递，是指光线照射到物体表面后可以将光线反弹出去，在反弹的过程中，不但能传递光线的强度，还可以反弹物体表面的颜色。

第 11 章

一、选择题

1. A   2. B

二、简答题

右击动画控制区的 按钮可以打开【时间设置】对话框，在这个对话框中可以设置帧速率和动画长度。单击【时间设置】对话框中的【重缩放时间】按钮，弹出【重缩放时间】对话框。在这个对话框中设置开始时间为 0 和结束时间为 200 来改变动画帧的大小。

第 12 章

一、选择题

1. B   2. B   3. A

二、简答题

1. 正向运动是子物体跟随父物体的运动规律，即在正向运动时，子物体的运动跟随父物体运动，而子物体按自己的方式运动时，父物体不受影响。正向运动的概念可以这样理解：如果模拟制作一只动物活动的动画，将动物的身躯设为父物体，头为子物体。当动物躺下时，身躯（父物体）向下，头（子物体）也跟着向下运动；而当头（子物体）左右转动时，身躯（父物体）不受影响。

同理，对动物来说，身躯是父物体，两条上肢是身躯的子物体，双肢同时又互为兄弟，共有一个父物体。上肢又是前肢的父物体，前肢是爪的父物体。如果移动身躯，则上肢、前肢、爪均随之运动；转动爪，则前肢、上肢和身躯不受影响。一个单一的父物体可以有许多子物体，而一个子物体只能有一个父物体。

反向运动与正向运动刚好相反，是父物体跟随子物体运动的系统。

2. 柔体是专门用来模拟软体的动画修改器，使用该修改器可以创建各种样条变形效果，如模拟飘舞的旗帜、松软的绳子等大部分软性物体。

第 13 章

一、选择题

1. A   2. A

第 14 章

一、选择题

1. D   2. A   3. A